主　编　邱　秋
副主编　陈　虹　王　腾

2016 Annual Report of
Hubei Water Resources Sustainable Development

湖北水资源可持续发展报告（2016）

科学出版社
北京

内 容 简 介

　　本书聚焦湖北省水资源发展、立法保护，收录了由湖北水事研究中心研究人员完成的相关研究成果。全书包括总报告、特别关注、对策建议、问题聚焦、深度分析、政策评估、他山之石、立法调研八大版块，并附录了 2016 年湖北省水资源可持续利用大事记。

　　本书适合高等院校、科研院所、政府管理部门涉水资源管理研究与实务工作者阅读参考。

图书在版编目（CIP）数据

湖北水资源可持续发展报告.2016/邱秋主编.—北京：科学出版社，2018.8
ISBN 978-7-03-058542-4

Ⅰ.①湖…　Ⅱ.①邱…　Ⅲ.①水资源利用-可持续性发展-研究报告-湖北-2016　Ⅳ.①TV213.9

中国版本图书馆 CIP 数据核字（2018）第 187625 号

责任编辑：刘　畅／责任校对：董艳辉
责任印制：彭　超／封面设计：苏　波

科学出版社 出版
北京东黄城根北街 16 号
邮政编码：100717
http://www.sciencep.com

武汉中科兴业印务有限公司印刷
科学出版社发行　各地新华书店经销
*
开本：787×1092　1/16
2018 年 8 月第　一　版　　印张：10 3/4
2018 年 8 月第一次印刷　　字数：242 000
定价：68.00 元
（如有印装质量问题，我社负责调换）

保障水安全，推动湖北长江经济带发展战略（代序）

湖北依水而生，因水而盛。2016 年是长江经济带发展全面推进之年，湖北地处长江之"腰"，坐拥约 37％的长江岸线，长江经济带发展战略为湖北带来最现实、最直接、最受益的机遇。然而，湖北又因水而险，面对"千年一遇"的大水，保障水安全，除水患、解水忧，依然是推动湖北长江经济带建设永恒的主题。

2016 年，湖北迎来了国家推动长江经济带发展战略的重大机遇。2016 年 1 月 5 日，习近平总书记在推动长江经济带发展座谈会上发表重要讲话，强调要走生态优先、绿色发展之路，把修复长江生态环境摆在压倒性位置，共抓大保护，不搞大开发。3 月 25 日，中共中央政治局审议通过了《长江经济带发展规划纲要》，对长江经济带建设做出了明确部署，提出把长江经济带建成环境更优美、交通更顺畅、经济更协调、市场更统一、机制更科学的黄金经济带。湖北不仅是长江经济带重要的粮米鱼油生产基地，还肩负着南水北调中线源头一库清水送北京、保障三峡大坝水利与生态安全、保障长江中下游水质安全的重任，在长江经济带中处于重要战略地位。3 月，湖北全流域被纳入《长江经济带发展规划纲要》；8 月，湖北获批全国第一批内陆自贸区，成为获批的 7 个自贸实验区中，唯一定位为战略性新兴产业和高技术产业基地的省份；12 月，国家发展和改革委员会在《促进中部地区崛起"十三五"规划》中，首次明确支持武汉建设国家中心城市。因此，把长江经济带建设成为我国生态文明建设的先行示范带、创新驱动带、协调发展带，湖北责任重大。

湖北素有"洪水走廊""水袋子"之称，全省 50％以上的人口、约 78％的工业产值、约 88％的农业产值，以及武汉、黄石、荆州等 48 座县级以上城市均直接受到江河洪水威胁。鉴于水安全在长江经济带建设中的极端重要性，防洪减灾历来是推动湖北长江经济带发展战略的重中之重。2016 年，湖北遭遇"千年一遇"的大水，六轮暴雨袭击荆楚，大雨、暴雨和特大暴雨接踵而至。6 月以来，内河、内湖相继出现特大洪水，与此同时，长江中游出现有记录以来的第五大洪水，湖泊和港渠均保持在高水位，无法形成错峰调蓄，形成了"98＋"大洪水。省内主要中小河流有 10 条超警戒，其中 8 条超保证水位，倒水、举水、汉北河、澴水、府河、府澴河、大富水 7 条河流洪峰水位超历史最高；省内五大湖泊，洪湖、梁子湖、斧头湖、长湖、汈汊湖全面告急；从 6 月 30 日 20 时至 7 月 6 日 15 时，暴雨攻陷武汉，突破武汉自有气象记录以来周持续性降水量最大值，武汉全城内涝，开启了"看海模式"，道路、涵洞、隧道、地铁站等百余处设施被淹，交通瘫痪，75 万人受灾，市民有家难回；汛期中，湖北 17 个市（州）82 个县（市、区）接连告急，湖河溃口、城市溃水、群众被困，220 万人不同程度受灾。面对特大洪水，湖北全省上下勠力同心，在危险的河堤上，在滔滔的洪水中，抽水、筑堤、搏斗、退垸，展开了一场惊心动魄的抗洪决战。主汛期全省主动和被动分洪的河、湖民垸超过200个，62万人被紧急转移；7月14日，湖北省政府做出主动在牛山湖破垸分洪，并实行永久性退垸还湖的历史性决定，炸通了阻隔梁子湖与牛山湖的围堤，既是应对梁子湖洪水的应急之举，更是还湖于民、还湖于史、还湖于未来的长远之策。

水安全状况与经济社会和人类生态系统的可持续发展紧密相关。2016年湖北遭遇的特大洪水，有持续暴雨等天灾因素，但也与长期以来重开发、轻保护的"人祸"因素密不可分。历史上大面积填湖导致的江河阻隔、水路不畅，严重影响了自然生态系统的洪水调蓄功能；城市建设重地面轻地下，下水道建设速度远远赶不上城市发展的速度；为化解"全城看海"难题而实施的"海绵城市"建设项目存在严重的小、散、碎片化特征，宏观规划和综合协调不足。湖北是长江流域人口众多、产业规模巨大、城市群发展迅速的重要区域，经济社会发展在全国的地位稳步提升。2016年，湖北GDP总量首次迈入3万亿元大关，位居全国第7，创中华人民共和国成立以来的最好水平；武汉GDP总量在15个副省级城市中位居第4，是中部唯一突破万亿元的城市。随着黄金水道开发利用压力的不断加大，湖北将面临更为剧烈的流域经济、生态等多元利益之间的冲突。保障水安全，除水患、解水忧，亟须缓和当前生态环境保护与经济社会发展之间的紧张关系，真正实现流域可持续发展。

习近平总书记强调，保障水安全，关键要转变治水思路，按照"节水优先、空间均衡、系统治理、两手发力"的方针治水。保障水安全，推动湖北长江经济带发展战略，湖北必须坚持"生态优先"，将绿色发展放在首位，进行顶层设计。

第一，贯彻新时期治水新理念，树立人口经济与资源环境相均衡的原则，将水资源、水生态、水环境承载能力作为刚性约束，充分利用战略性新兴产业和高技术产业基地建设、国家级中心城市建设的机遇，以高新产业引领湖北增长，挑起长江经济带"脊梁"。以打造长江中游生态文明示范带、航运中心和产业转型升级支撑带为目标，落实中央关于中部地区有序承接产业转移、建设一批战略性新兴产业和高技术产业基地的要求，发挥湖北在实施中部崛起战略和推进长江经济带建设中的示范作用。

第二，统筹规划，尽快制定湖北长江经济带生态保护和绿色发展规划，科学指导水资源开发、利用和保护，在湖北全面落实《长江经济带发展规划纲要》。突破当前就水治水的片面性，立足山水林田湖生命共同体，统筹兼顾各种要素，实现治水与治山、治林、治田的有机结合，对长期困扰湖北的水患问题予以综合治理。

第三，全面推行河湖长制，大力推进省际协调，提升流域治水综合协调能力。河湖水域和岸线资源是长江水生态系统的重要载体，加强河湖水域空间用途管制，严禁围湖造地和围垦河道，离不开跨流域、跨地区、跨部门协调。面对国家流域管理体制尚未完全建立，治水部门职责交叉、协作不畅的现实，在省内全面推行河湖长制，强化地方政府保护职责，增强省内的流域协调能力，在省际通过政府间协议或宣言，加强省际协商合作机制，强化省际涉水事务管理的统筹规划、整体联动，是现实可行路径。

第四，强力推进节约用水，以水生态文明试点为抓手，探索"丰水地区"节水模式。与北方缺水地区相比，湖北属于传统的"丰水地区"，水资源分布具有季节不均衡、地区不均衡等特征，社会的节水意识还有待提升。湖北探索"丰水地区"节水模式，有利于科学开发和配置水资源，增强水资源保障能力。

第五，充分调动市场力量，推动绿色产业发展。通过创新政府和社会资本合作（public private parenership，PPP）等水生态建设领域投融资机制，加强企业环境信用体系建设等方式，特别是湖北长江经济带产业基金的运用，发挥市场在资源配置中的决定性作用，形成以经济手段为主的绿色产业发展机制。

邱　秋

2017 年 12 月 30 日于汀兰苑

目 录

总报告：长江立法 ……………………………………………………………………… 1
《长江法》立法构想 ………………………………………………………………… 3

特别关注：农村面源污染治理 …………………………………………………… 11
湖北农村面源污染防治体制机制现状、问题及对策 …………………………… 13
农村面源污染市场防治机制问题及对策研究
　　　——以梁子湖地区为例 ……………………………………………………… 19
梁子湖区面源污染治理模式创新调研报告 ……………………………………… 29

对策建议：湖北湖泊保护实践 ………………………………………………… 43
关于全面推行河湖长制的思考 …………………………………………………… 45
坚持生态优先　严格湖泊保护 …………………………………………………… 49
武昌区湖泊保护实践 ……………………………………………………………… 53
梁子湖区湖泊保护执法效果的调查与分析 ……………………………………… 55

问题聚焦：湖北水生态建设 …………………………………………………… 63
发挥湖北水生态文化优势的战略思考 …………………………………………… 65
长江经济带湖北段水生态建设的问题、成因与对策 …………………………… 72

深度分析：流域治理 …………………………………………………………… 81
基于GSR理论的省区初始水权量质耦合配置模型研究 ………………………… 83
社会资本视域下的流域府际合作治理机制研究 ………………………………… 96

政策评估：水库移民与湖泊保护 …………………………………………… 103
湖北省2015年度大中型水库移民后期扶持政策实施效果 …………………… 105

他山之石：水资源管理与流域治理 ………………………………………… 117
论荷兰水资源管理体制 ………………………………………………………… 119
美国流域水污染防治的合作执法及启示 ……………………………………… 126

立法调研：流域立法后评估 ·· 135

《湖南省湘江保护条例》立法后评估报告 ························ 136

附录：2016 年湖北省水资源可持续利用大事记 ················· 149

湖北省加强河道采砂管理目标责任考核 ························ 151

湖北省政府有序推进退垸还湖 ···································· 152

湖北省水利厅发布《2015 年湖北省水资源公报》 ·········· 153

湖北省鄂州市启动大梁子湖生态治理 ························ 154

湖北省防汛抗旱战役取得阶段性胜利 ························ 155

湖北成功抗御超标准洪水 ·· 156

梁子湖牛山湖破垸分洪 ·· 157

湖北省启动 2015 年度最严格水资源管理考核工作 ········ 158

湖北省政府颁布《取水许可和水资源费征收管理办法》 ···· 159

湖北省湖泊保护行政首长年度目标考核评估结束 ·········· 161

湖北省水利厅公布调整后的全省湖泊"湖（段）长"名单 ··· 162

湖北跻身全国农村小水电扶贫 6 个试点省之一 ············ 163

总报告

长 江 立 法

　　长江流域拥有独特的生态环境系统,是我国重要的生态宝库。千百年来,长江流域以水为纽带,连接上下游、左右岸、干支流,形成了一个经济社会大系统,今天仍然是连接丝绸之路经济带和21世纪海上丝绸之路的重要纽带。长江经济带建设事关全面建成小康社会、实现中华民族伟大复兴"中国梦"的整体布局,需要从国家战略的高度,建设现代化的治理体系与提升治理能力,以法治思维与法治方法予以推进。有基于此,湖北水事研究中心首席研究员吕忠梅教授带领中心团队成员成功申报了国家社科基金重大项目"长江流域立法研究",以期待通过这项研究,切实推进我国长江流域的立法工作,为真正地实现"美丽长江""健康长江"与"生态长江"的美好愿景,使中华民族母亲河永葆生机活力提供法制保障。

《长江法》立法构想[*]

吕忠梅[**]

非常高兴能够有机会与各位专家学者,还有与农工党的同志们分享我对长江流域立法的一些思考。在重庆来做这个演讲,于我还非常有纪念意义。农工党中央 1998 年和重庆市签订合作协议后,我于 1999 年 3 月随农工党中央蒋正华主席到重庆调研三峡库区污染问题,这是我第一次对长江流域进行从上游到中游的调研,也是我研究长江流域立法的开始。可以说,今天要给大家报告的是,自 1999 年以来我们对长江流域立法一直持续研究的成果。我作为第十届、十一届、十二届全国人大代表,从 2002 年开始第一次提出"关于制定长江法的议案",在三届的人大代表履职过程中不仅多次提出要制定《长江法》,而且做出了《长江法(专家建议草案)》。现在,我们赶上了一个非常好的时机,有可能把学术理想变成中国立法的现实,我们需要做的就是抓住历史,履行好参政议政职责,发挥好我们的作用。

今天我讲三个问题,第一个是为什么要制定《长江法》? 第二个问题是《长江法》长什么样? 第三个是如何制定《长江法》? 关于这个法的名称叫什么,学者们及有关部门存在一些争议,有多个名称。《长江经济带发展规划纲要》里写的是"制定长江保护法"。我在这里不做法律文件名称的讨论,重点是关注这部法律应该包括的内容。所以,我以"长江法"统称。

一、为什么要制定《长江法》

我们看一下长江流域的地图就知道,它横贯我国中、东、西三大经济区域,整个流域涉及 19 个省(区、市)。长江经济带包括的范围是干流地区的 11 个省(市)。要在这么大的一个区域内进行经济带建设,会面临一些什么样的问题? 我有三个基本判断。

* 2018 年 5 月 24 日,第十三届中国生态健康论坛在重庆市渝州宾馆开幕。吕忠梅教授围绕为什么要制定《长江法》、《长江法》长什么样、如何制定《长江法》三个基本问题做了主旨发言,描绘了《长江法》的基本面貌。本文系吕忠梅教授发言稿,经作者授权收录。

** 作者简介:吕忠梅,法学博士,全国政协社会和法制委员会驻会副主任,中国法学会环境资源法学研究会负责人,清华大学法学院双聘教授,湖北水事研究中心首席研究员。

（一）长江流域的经济社会地位无可替代

长江是中华民族母亲河,在我们国家的经济社会发展中的战略地位不可替代。第一,长江流域资源丰富。土地资源 27 亿亩①;水面 1.1 亿亩,约占我国淡水面积的一半,可供养殖水面约 4000 万亩,鱼类 300 余种,淡水鱼产量占 60%;水能蕴藏量约 2.68 亿千瓦,约占全国水能总蕴藏量的 40%;矿藏资源中已探明储量的钒、钛、汞、磷、铜、钨、锑、铋、锰等占全国总量的 50% 以上,铁、铝、金、银、铍等占 30% 以上。第二,长江流域经济发达,是我国重要的工农业生产基地。耕地面积约占全国的四分之一,农业总产值约占全国的三分之一。工业总产值占全国的三分之一以上。GDP 占全国的 40% 以上。第三,长江流域航运干线拥有港口 220 多个,有通航支流 3600 余条,内河道通航总里程 8.6 万公里,占内河运量的 70% 以上。第四,流域水资源特性突出。流域多年平均降水量 1070 毫米,但时空分布不均匀;长江年均径流量约 9600 亿立方米,其水资源量约占全国水资源总量的 35%,是黄河水量的 20 倍,且径流年际变化不大。

由此可见,长江流域的资源、经济总量、人口都占到全国的四分之一甚至更多,其自然特性决定了长江流域在中国具有不可替代性。除了它的自然资源的特性以外,流域的一个重要方面是形成人类历史的特性,也就是流域产生文明——包括人文特性、社会特性、文化传统的特性等,长江流域是中华文明的发源地之一,在这个意义上,长江流域对于中华民族的重要地位也不言而喻。

长江流域的重要性不仅是历史的,更是现实的。在中国全面建成小康社会和现代化强国的战略布局中,它是连接我国东、中、西部,贯通丝绸之路经济带和 21 世纪海上丝绸之路的桥梁和纽带,也是中国国际战略的重要组成部分。这也凸显了长江流域对于中国现代化建设的战略地位和作用。

值得特别一提的是,重庆是长江经济带战略和"一带一路"倡议的连接点和交汇处,这种位置决定了重庆可以也应该在长江经济带建设中更多更好地发挥作用。

（二）长江流域开发与保护矛盾尖锐

我国在提出长江经济带发展战略之时,长江的生态环境状况已经不堪重负。长江沿岸分布着五大钢铁基地、七大炼油厂和 40 多万家化工企业,仅规模以上排污口就有 6000 多个。呈现"化工围江"的局面,污染物的排放量大,风险隐患大,饮用水安全保障的压力大,长江流域 2014 年废水排放总量达 300 多亿吨,占全国的近五成;富营养化问题较严重的太湖、巢湖均位于长江流域,洞庭湖水质为 V 类,鄱阳湖水质为 Ⅳ 类;主要酸雨省份八成以上分布在长江经济带;农村生活污水随意排放,农业生产化肥施用量过高、流失严重,加剧了流域面源污染。调查表明,长江已形成近 600 公里的岸边污染带。

还有,长江流域的整体性保护不足,破碎化、生态系统退化趋势在加剧。原始植被丧失了 85%,上游森林覆盖率已由 20 世纪 50 年代初的 30%～40%,下降到现在的 10% 左

---

① 1 亩＝666.67 平方米,后同。

右;水土流失面积,从20世纪50年代的36万平方公里增加到现在的56万平方公里,占全国水土流失面积的36%,年均土壤侵蚀量达22.4亿吨,使长江干流泥沙剧增;据调查,长江干流每10年河床就要抬高1米,一遇汛期,便成"悬河";一些湖泊迅速萎缩甚至消亡,史称"八百里洞庭",如今是"洪水一大片、枯水几条线"。

我们的母亲河已遍体鳞伤,在这样的基础上建设长江经济带,是给已经受伤的母亲进行治疗、为她修复伤口,还是在遍体鳞伤的身体上面继续下刀子?值得深思。

(三)长江流域"九龙治水"现状难以为继

目前,我们已经认识到,长江经济带发展面临诸多亟待解决的困难和问题,主要是生态环境状况形势严峻、长江水道存在瓶颈制约、区域发展不平衡问题突出、产业转型升级任务艰巨、区域合作机制不健全等。这些问题也同样反映在法律上,比如流域资源保护的法律执行困难、部门或区域利益竞争、经济发展与生态环境保护的法律冲突等。

长江流域有着特殊的生态系统,面临流域保护的一些特有问题:如上游部分支流水能资源开发利用无序;中下游河道非法采砂、占用水域岸线、滩涂围垦等行为时有发生;蓄滞洪区亟须生态补偿;河口地区咸潮入侵现象有所加剧、海水倒灌和滩涂利用速度加快;大量跨流域引水工程的实施,流域内用水、流域与区域用水矛盾日趋显著。但是,我国现行法律所建立的管理体制与相关制度,不仅不能解决这些问题,而且在某种程度上是导致这些问题的"根源"。比如,现有的流域管理机构——水利部长江水利委员会(以下简称长江委),梳理它的管理职能会发现,长江委与相关部门职能十分复杂。根据我国《水法》规定,流域水资源保护实行的是以水行政部门为主,地方政府与其他各行业主管部门在职权范围内分工合作的管理体制。据此,长江委是长江的流域管理机构,承担流域综合管理职责,根据相关法律、法规和水利部"三定方案"等规定,长江委主要有13项职能。而长江经济带建设涉及长江流域经济、政治、社会、文化、生态的方方面面。我们对长江流域涉水事务管理涉及的30多部法律授权分析后发现,长江流域管理权在中央分属15个部委、76项职能;在地方则分属19个省级政府、100多项职能。这是真正的"九龙治水"。这就造成了各部门依法履职,也依法打架,这个问题非常的明显。

再来看一下长江委的情况,它作为水利部的派出机构,代表国家进行长江流域管理。但除了前面说到的与其他部门职能关系不清外,长江流域管理机构还存在政、事、企不分的问题。在我国,长江流域机构最早的职能是科学研究和技术咨询,所以长江委下面有很多的研究院和设计院等事业单位;后来,因为南水北调工程建设,在长江委下面又设置了公司。所以,在长江流域上,长江委既有国家法律授权的管理职能,也有长江开发项目的设计职能,还有具体工程的投资收益职能。这种状况,也决定了现在长江委的管理困境。

正是因为存在这些问题,我们认为,需要为长江制定一部法律,专门用于守护长江经济带建设的安全。

二、《长江法》长什么样

法律作为利益调整机制,需要对涉及流域的各种利益进行调整。如果说,长江经济带是以长江"水"为依托；那么，从水的角度来看，长江流域至少涉及水源、水质、水系、水路、水岸、水生态等各种涉水利益关系。在这里，可以分为几个层次，水源和水质涉及生活水、生产水、生态水的关系；加入水系、水路、水岸就涉及上下游和左右岸关系；再加入水生态就会涉及地区、行业、部门的关系，这是一个十分复杂的关系"网"，如果我们要制定一部法律，要把这些复杂的关系都考虑进去，难度有多大，可想而知。

所以，长江流域立法不是简单地在某一个层面或者某一个事项上制定法律。而是要针对长江流域面临的问题、长江经济带建设面临的挑战，进行从价值导向到具体制度的选择。

我们知道，长江经济带建设提出之初，大家对开发优先还是保护优先、分散管理还是整合协同、是适用现行法律还是专门立法、是市场机制优先还是计划体制为主，都不清晰。我们看到最初的各地方甚至中央有关部门关于长江经济带建设的规划、政策，都还是要"大干快上"，争上大项目、沿江布局产业园区、搞城市升级，给人以"只搞大开发，不搞大保护"的强烈印象。直到 2016 年 1 月在重庆召开的推动长江经济带发展座谈会上，习近平总书记明确提出"共抓大保护，不搞大开发"，媒体说：风向变了！

总书记讲话以后，为长江保护立法才引起了真正的重视。习近平总书记 2018 年 4 月 25 日考察长江时再次明确指出："我提出长江经济带发展共抓大保护、不搞大开发，首先是要下个禁令，作为前提立在那里。"法律作为一个国家最正式最具权威的"禁令"，必须在充分认识保护长江流域资源的重大意义的基础上，把"共抓大保护，不搞大开发"理念变成正式的法律制度安排。

中国改革开放三十多年以来，包括水资源、水环境立法在内的环境资源法是我国发展最为迅速、立法最为活跃的法律领域之一。与长江流域管理有关的法律既有《水法》《水污染防治法》《水土保持法》《防洪法》，也有《物权法》《土地管理法》《城乡规划法》等相关法律；既有《防汛条例》《长江河道采砂管理条例》等行政法规，也有《长江流域大型开发建设项目水土保持监督检查办法》《长江流域省际水事纠纷预防和处理实施办法》等部门规章。这些法律法规初步建立了防洪减灾、节水与水资源配置和调度、水污染防治与水生态保护、涉水资源管控、促进流域经济发展等多项制度。但是，我国没有针对大型流域的专门立法，流域管理的法律规范既不系统，也不成体系。长江经济带建设所需要的统筹考虑开发、利用和保护等流域事务的目标无法实现，各部门、各地方在履职过程中必然出现严重的管理错位、缺位、越位，条块分割、多龙治水的局面难以根本改变。

实际上，这涉及一个立法思维转变的问题。我国过去的立法，基本上是按照从上到下、从中央到地方的"线性立法"，在立法里面用得最多的是"县级以上各级人民政府"，这就意味着我们设计的是部门管理、行政区域管理为主的体制机制，这种机制放在流域层面，条块分割的问题就会非常严重。

长江需要在流域层面立法，这是因为，首先它是一个跨行政区域；其次，长江流域面临的问题是多方面的，长江经济带建设也必须跨行政部门。所以，我将长江流域立法称为"横切面"立法，它是要把过去的以部门和区域为主的法律具体化为针对长江流域问题的跨部门跨区域的法律。这种法律,到现在为止,国家层面没有。在中国立法史上,一共有过三部流域立法,《淮河流域水污染防治条例》《太湖流域管理条例》《长江河道采砂管理条例》,都是国务院行政法规。

我们现在要做的《长江法》,是由全国人民代表大会常务委员会制定的法律,主要任务有三个:一是要解决生态优先绿色发展的法治抓手问题,为长江经济带发展提供法律依据;二是建立长江流域的功能、利益和权力的协调和平衡机制;三是建立新的适应流域治道变革需要的治理体制。

为此,我们已经做了多年的研究。长江委从20个世纪90年代开始进行立法研究准备,1993年水利部将长江法列入五年立法计划并向全国人民代表大会常务委员会做了报告;2004年长江委专门进行课题立项,2006年长江委正式向水利部提交了研究成果;2013年,长江委再次立项长江流域立法研究。就我自己而言,1996年开始进行长江流域水资源保护立法研究,其成果变成了《水法修正案》中新增加的"水资源保护"一章;2003年以来,围绕长江流域水污染、水生态保护等问题,一直在做各种不同的立法研究,也不断提出人大代表议案和政协提案;2015年,国家社会科学基金批准了我作为首席专家的"长江流域立法研究"重大项目,按照预期,今年课题组将完成这个课题。

从目前来看,为长江立法已经达成共识,现在需要讨论的是,立一部什么样的法。最近,我参加了不同单位组织的多个有关长江立法的研讨会,大家对《长江法》应该是什么样子,还是有不同认识的。

我以为,《长江法》的核心是保障不因长江经济带建设而使长江流域生态系统崩溃;换句话说,如果长江流域生态系统没了,长江经济带也将不复存在。这就意味着,《长江法》必须把开发利用和保护统筹考虑,设计合理制度解决"共抓大保护"的问题。否则,就保护谈保护会使得很多制度无法落实,也不符合把生态文明建设贯穿到政治建设、经济建设、社会建设、文化建设的各个方面和全过程的战略要求。

在这样的考量下,《长江法》首先要解决好三个关系:即开发利用与保护的关系、流域与区域之间的利益关系、法律传承和制度创新的关系。处理好这三个方面,才能实现其基本的价值目标——保障水安全、实现水公平、促进可持续发展。

这就要求,第一,《长江法》必须实现立法理念更新,把生态修复放在压倒性的位置,真正贯彻"共抓大保护,不搞大开发"的要求;第二,在立法原则上要强调"保护优先";第三,要为长江经济带开发利用设置"天花板",一是生态红线,二是资源底线,三是经济上限;第四,要建立一套新体制,通过法律特别授权建立统一监管、协调协同的多元治理体制机制;第五,要建立适合长江流域的基本制度体系,这些制度至少应包括综合决策制度、协调联动制度、整合执法制度、多元共治制度和责任追究制度,这些制度都必须针对长江流域特殊性设计,不是把原来国家已有法律制度照搬照抄过来。

那么,我们如何从法律上理解"共抓大保护"呢,我的理解是至少应该从四个方面体现:一是通过共同规划,进行社会经济发展阶段辨识,确定发展目标和任务;二是建立共同标准,进行社会经济关系辨识,建立行为判断依循;三是采取共同行动,进行长江经济带建设实践辨识,确定损害后果责任;四是共享信息,进行科学技术辨识,提供科学决策基础。

经过对多个国家流域立法的研究,我们也发现:虽然许多国家有流域立法,但没有一个国家是对所有流域都进行立法的,一般都会选择本国最重要、对经济社会发展最有意义的流域制定专门的法律。这些法律给我们以很多的启示,其中最重要的就是《长江法》一定要体现长江流域及流域立法的特性。我把它归结为三个方面。

第一,《长江法》是一个中观层次的立法。我前面讲过,这是一个"横切面"式的立法。作为流域立法,一是具有跨界性,也就是跨越了传统法民法、刑法、经济法的界限;二是具有法律调整手段的交错性;三是具有规范法、政策法、规制法相结合的综合性。这三个特性是我们处理原有的"线性立法"和现在的"横切面立法"之间的关系,以及处理不同性质法律规范之间的关系始终不能忽视的问题。

第二,《长江法》是以长江"水"为核心的立法。长江经济带建设依托于长江的水资源,"水"以及与"水"相关的人的行为是立法的研究对象。这意味着,在立法定位上,《长江法》是政策法和监管法的统一体;在立法空间上,它以流域法的形式出现,是中国特色社会主义法律体系里面的一个新成员;在立法思路上,《长江法》解决的是流域层次的问题,或者说只针对流域性的问题立法;在立法模式上,《长江法》应该是一个由综合法和若干单行法形成的立法体系。

第三,要完成这样的立法,我们必须要跳出固有思维模式:一是必须跳出就保护谈保护,统筹考虑生产、生活和生态;二是要跳出就管理谈管理,对于长江流域这个巨大的复杂系统和诸多问题,不是简单的行政命令就可以解决问题,必须具有经济、社会、文化等各种因素的综合性思维;三是跳出就现行法谈制度,一定要在对现行法律进行认真梳理的基础上,进行制度创新,充分论证新的制度的必要性与可行性;四是要跳出就流域机构来谈体制,目前一提到长江流域立法,很多人就会讲已有长江委,独立或者升级就可以了。前面我已经讲过长江委面临的困境,不是独立或升级这么简单,需要对体制问题进行慎重研究。

三、如何制定《长江法》

由于时间关系,我在这里简单报告一下制定《长江法》的思路。长江立法难度非常大,核心是解决如下几个问题。

(一) 建立长江立法的新法理

立法是需要理论支撑的,法律条文需要有成熟的理论依据。但是,目前进行流域立法理论研究的人非常之少,成果数量少、质量也不高。我曾经参加了领导小组召集的一个会议,主办方就长江立法邀请了四个专家团队,希望能够开一个小型研讨会。四个团队都去了,但有两个明确表示没有深入研究,只剩下两个,这两个团队加起来也就七八个人。这说明目前法学理论界对这个问题的关注度不高,研究基础也非常薄弱。就我自己而言,虽然做了几十年法学研究,但并没有完全专注于这个领域,也是有一搭没一搭,不能说有非常系统和深入的研究成果。目前来看,要实现长江流域立法"从事理到法理"的转变,还有许多工作要做。我认为,至少要解决以下难点问题。

第一,流域的法律属性。流域涉及经济属性、社会属性、文化属性等多个方面,如何从长江流域的产业的聚集程度、国土空间范围、水资源的配置特点、社会治理水平等方面,归纳出流域的法律属性,是一个极大的挑战。

第二,流域治理体制。核心问题是解决好流域治理和区域治理的关系,《长江法》实际上是要在已经形成的行政圈上再建立流域圈,流域圈与行政圈的有机融合,经济管理、社会管理、生态安全监管一体,需要通过法律授权来建立。

第三,流域治理的事权划分。这是立法最困难的地方,确定中央事权和地方事权的划分原则,各部门事权的界定标准,还有社会组织事权的配置方法,等等,需要有明确的法律依据。

第四,多元共治机制的建立。这涉及政府、市场、社会三者之间关系的处理,这是一个三维结构,政府与政府之间、政府与市场之间、政府与社会之间,如何进行权利或权力排序并建立有效衔接的运行机制,需要有法律智慧。

(二)生态保护优先原则的落实

这涉及各项权利如何进行配置的问题,需要处理好各种权利之间的关系。一是公权和私权的关系;二是生存权和发展权的关系;三是物权与资源权的关系;四是个体性权利和公共性的权利关系,等等。从法律的角度来讲,这些权利分别规定在原来的不同法律之中,在"线性立法"时,"自扫门前雪",不用太多考虑这些权利之间的关系;但在"横切面立法"时,这些相互矛盾、甚至相互冲突的权利,不仅要考虑,而且要合理排序。这个问题处理不好,《长江法》即便制定出来了,也注定是失败的。

(三)《长江法》的制度体系的建构

《长江法》基础理论研究和原则界定,最终都将体现在制度体系建设上。我以为,《长江法》的制度体系应包括三个部分。

第一,体制构建是基础。在这里,主要是明确中央与地方的权力边界,要建立"整合式执法"的管理体制,实现多元主体的权利(权力)互动,创新流域管理机构的职权配置方式。

第二,制度建设是核心。根据制度的适用范围,分为流域共性制度与长江流域个性制度;根据制度的流域空间范围,分为"点上"制度、"线上"制度、"面上"制度;根据制度需求的重要性、典型性,划分为核心制度和一般制度。例如,因为长江流域突出问题及其特殊性,需要对防洪减灾、节水与水资源配置和调度、水能资源开发利用、河湖空间管制、水资源保护、水污染防治与生态保护、航道管理、涉水资源管控、流域产业布局等制度做重点关注。

第三,机制建设是保障。通过制度建立综合决策机制,执法协调、协同机制,公众参与机制,市场监督机制,责任追究机制,纠纷解决机制等。

最后,我可以报告的是,这些设想,已经形成了《长江法专家建议稿（草案）》,我们即将把已经完成的法律条文提交立法部门,供立法决策者参考。能够提供这样一个"靶子",对学者也是难得的机会,很期待通过各方面的努力,最后能够为长江立法立一部"良法",为保护长江母亲河,做出一点实际的贡献!

农村面源污染治理

　　21世纪以来,在点源污染得到有效控制之后,面源污染特别是农村面源污染日渐成为重要的世界性环境问题。农村面源污染作为以面积形式分布和排放污染物而造成水体污染的发生源,具有分散性、隐蔽性、随机性、不易监测、难以量化等特征,使得对其研究和治理具有较大难度。为了解湖北的农村面源污染问题,湖北水事研究中心于2015年暑期组织团队对鄂州梁子湖区域周边农村展开实地调研,并在此基础上形成了一系列调查报告,为完善我国农村面源污染市场防治机制提出了创新对策。

湖北农村面源污染防治体制机制现状、问题及对策[*]

中共中央、国务院印发的《生态文明体制改革总体方案》(以下简称《方案》)提出将环境治理体系建设作为完善我国生态文明制度体系八项重点改革任务之一,其中明确要求要建立农村环境治理体制机制。中共中央十八届五中全会提出坚持绿色发展理念,加快建设资源节约型、环境友好型社会,形成人与自然和谐发展现代化建设新格局,推进美丽中国建设。美丽中国建设的关键与基础就在于美丽乡村,因此农村的生态保护与环境治理工作已经成为当前我国深入推进生态文明建设战略的重点环节,也是湖北全面深化改革,顺利实现"五个湖北"建设的重要任务。为了深入了解湖北农村环境治理情况,湖北经济学院湖北水事研究中心承担了2015年湖北省重大调研课题"湖北省农村面源污染防治体制机制研究",本研究从"完善面源污染防治体制机制"这一农村环境保护重点工作出发,通过实地走访调研相关政府部门与武汉、荆州、鄂州、丹江口等地相关乡镇,形成了如下调研报告。

一、湖北省农村面源污染及其治理现状

(一)湖北农村面源污染现状

湖北是一个农业大省,农村面源污染特别严重,2002年已被列为全国8个农村面源污染高风险地区之一。农村面源主要包括农村生活污染源(包括生活废水和垃圾),以及农业面源污染(包括农村畜禽养殖污染源、农业种植生产污染源及水产养殖污染源)。农村生活污染源对水体的影响相对较小,农业面源污染成为农村面源污染的主体。

(二)湖北农村水污染现状的公众认识现状

湖北公众对农村地区的水环境状况的基本认识是局部有所好转,整体趋向恶化。其中,水污染已成为湖北省农村水环境最大的现实威胁,是湖北农村面源污染防治及水资源

---

* 本文为2015年湖北省重大调研项目"湖北省农村面源污染防治体制机制研究"的部分研究成果择要。该项目主持人为吕忠梅,系全国政协社会与法制委员会驻会副主任,湖北水事研究中心首席研究员。本文撰写人是邱秋、王腾。该项目参与人还有张晓京、袁文艺、范锐敏、严念慈、王海霞。

保护工作的软肋。同时，它也是人们心目中最为期许的水资源保护事项，80%以上的受调查对象认为，湖北水资源保护最重要的问题就是防治水污染。

（三）湖北农村面源污染防治立法现状

近年来，湖北颁布了一系列与农村面源污染防治相关的地方立法，主要有《湖北省水污染防治条例》《湖北省湖泊保护条例》《湖北省农业生态环境保护条例》《湖北省实施〈中华人民共和国水法〉办法》《湖北省实施〈中华人民共和国农产品质量安全法〉办法》《湖北省实施〈中华人民共和国渔业法〉办法》等一系列地方性法规，从面源污染防治主体、内容、责任及相关机制方面为湖北面源污染防治工作提供了依据，湖北农村面源污染防治法律框架基本搭建完成。

（四）湖北农村面源污染防治现状

根据国家及地方立法，湖北对农村面源污染治理给予了极大的关注和支持，目前采取的主要措施有：开展乡镇村生活污水、垃圾收集、处理设施的建造与试点；化肥农药减量化措施；通过规模化手段，实现畜禽养殖污染防治；整治围网养殖、水库投肥，推广生态养殖。

二、湖北农村面源污染防治体制机制存在的问题

（一）政府和社会的重视程度不够

法律法规所规定的政府责任，在实际生产和生活中，没有得到充分体现，而我国固有的城乡分割的二元经济结构又加剧了农村的贫困和落后。调查组在访谈和问卷调查中了解到，在农村居民看来，技术、资金等硬件的不足只是表面现象，政府和社会的不重视才是农村水污染日益严重的根本原因，他们最为期盼的，是城乡水污染问题能够获得同等的重视。

（二）农业面源污染防治技术障碍

法律法规所倡导和鼓励的环境友好型生产和生活方式，在实际实施中存在着技术性障碍。其表现：一是缺乏对农村水污染系统性、基础性的监测与调查；二是农业面源污染防治技术研发不够，可选用的实用技术少。

（三）农村环保投入不足

一是财政投入不足，湖北环保，特别是水污染防治的财政投入，过去主要集中在城市和工业，对农村投入相对较少；二是环保融资渠道单一；三是社会资本的引进尚待启动。

（四）农村环境监管机构及其能力不足

我国的环境监督管理机构仅设到县级。目前绝大部分乡镇没有建立专门的环保机构和队伍，基层农村环保自治组织极不发达，公众参与率低，无法形成完备乡镇村环保管理

网络,导致农村水环境监管能力严重不足,农业面源污染防治"无人管、无力管"的现象十分普遍[①]。

(五) 立法体系不健全、操作性差,法律责任缺失

(1) 农业面源污染防治尚未建立完整的法律体系,迄今为止,湖北并没有关于农业面源污染防治的专门立法。

(2) 可操作性受到诸多限制。湖北为农业面源污染的法律控制提供了框架性规范,制度本身的可操作性较差,许多规范无法在农村环保工作中落地。

(3) 法律责任缺失。在湖北关于农业面源污染防治的立法中,仍以宣示性规范为主,法律责任缺失。由于具体规范以"命令—控制"制度为主,在仅有的几个法律责任条款中,基本为行政责任,承担行政责任的方式主要为罚款,以及"责令停止违法行为""采取补救措施"等传统的行政制裁方式,而缺少民事、经济、刑事等多种责任承担方式支持。

(六) 农民环境守法意识薄弱

居民守法意识普遍薄弱,相关的环境法律法规没有取得很好的实效;影响公众守法意识的因素主要为:守法经济成本、执法困难、违法成本、守法时间成本、技术支持缺乏、身边人的守法状况,其中守法经济成本、执法困难及违法成本影响尤为显著。

(七) 政府执法实效不佳

湖北农业面源污染防治法的执法实效的公众调查表明,政府行政执法在短时攻坚战中,具有最高的法律实效,而在执法的覆盖面和可持续性方面,具有明显的低效特征。

三、完善湖北农村面源污染防治体制机制的对策建议

(一) 落实《方案》要求,以合作共治理念优化农村环境管理体制

《方案》第三十七条明确提出要建立农村环境治理体制机制,其核心要求是利用市场手段,实现农业面源污染防治的公共治理。推动单一的政府管理向公共治理的转型,建立农业面源污染防治的全社会参与机制,是农村面源污染防治体制机制优化的总体原则与根本要求。具体而言:一是转变政府职能,实现社会治理机制理念从"管理"到"服务"的转变;二是在社会治理手段上,从单纯依靠行政手段向行政手段与经济手段并重方向转化,研究和推广"环境经济";三是社会治理主体上从单方向多元的转化,在保留原有行政机关等权力部门的社会治理主体地位的同时,承认并积极支持民间组织的发展,尊重社会公众的社会主体地位[②],倡导全民参与农业面源污染防治的"环境文化"。

---

① "湖北农村水资源保护研究"课题组.湖北农村水污染防治调查报告[J].中国环境法治,2009(1):141-145.
② 刘剑明.创新社会治理机制:从单方强制到多元协作[J].行政与法,2007(11):12-14.

（二）以落实新《环境保护法》为契机，明确农业面源污染防治管理机构与职责

出台贯彻落实新《环境保护法》第三十三、第四十九、第五十条等相关条款要求的配套制度，落实赋予乡级人民政府的农村环境综合整治职权，并在乡镇环保机构的设置、环保执法队伍的建设，经费来源等方面给予政策保障。此外，建议省政府指定专门机构监督各县级以上人民政府开展农村环境综合整治、农村生活废弃物的处置以及统筹城乡环保公共设施建设和运行等工作的落实情况，并将农业农村环境保护工作纳入地方政府政绩考核内容。建议在部分乡镇基层率先进行"大部制"探索，由农业部门主导，建立农村资源环境保护综合管理站，统筹行使已有的农业、林业、水利、环保等职责。

（三）完善农业面源污染防治湖北地方立法

第一，转变立法思路。研究出台以经济刺激、技术扶持为主的农村水污染防治"促进法"，重点是农业生态补偿、农业面源污染控制技术及农村水污染防治专业企业扶持，以及农业循环经济、农业清洁生产推广等。第二，填补立法空白。迅速出台湖北亟须的畜禽养殖废弃物排放等地方强制性技术标准和规范，研究乡镇企业污染防治立法、农村面源污染立法，以及三峡库区、丹江口库区，清江、梁子湖、四湖等重点区域、流域水资源保护立法的可行性。第三，提高立法操作性。对于湖北地方立法中缺乏操作性的立法，应及时进行修改；对一些执行难度过大、权利义务或法律责任不明、程序不完备的条款给予必要的完善[1]。

湖北农业面源污染防治地方立法，除了在全省所有行政区域都适用的省级立法外，还可以针对省内典型流域制定流域农业面源污染防治法规。建议湖北省在充分论证的基础上，制定农村面源污染防治的专门立法规划，根据需要和可能，逐步建立和完善农村水污染防治地方立法体系，并为国家立法提供经验和技术支持[2]。

（四）培育农村环保自治组织，完善农业面源污染防治的公众参与机制

推动农村环保自治组织的发展，建立以制订环保村规民约、成立环保自治组织、举办环保自治听证等公众参与为主要内容的环保自治机制。建议按照《方案》要求，采取政府购买服务等多种扶持措施，培育发展各种形式的农业面源污染治理、农村污水垃圾处理市场主体；发挥经济合作组织作用，大力发展绿色农业。提升村民环保意识，建立多元的村民环保参与机制；要建立村级环保专项资金募集制度，用农民自己的钱治理身边的环境污染；要依托村民自治组织，建立环保公众参与机制；要加强基层组织的宣传与引导，县级机构可以对农村环境管理进行考核，并为其提供技术上的指导。

（五）建立农村污染防治的全过程控制机制，健全农村水污染监测体系

首先，要加强农村水污染防治规划，应将农村水污染防治体现在国家和地方的有关计划和规划中，特别是小城镇和新农村建设规划、工业园和畜牧园区规划[1]；其次，建立完善

---

[1] "湖北农村水资源保护研究"课题组.湖北农村水污染防治调查报告[J].中国环境法治，2009(1)：141-145.
[2] 邱秋.突破农村面源污染防治困境[N].湖北日报，2010-12-30(4)[2015-6-5].

农村环境影响评价,湖北应根据《环境影响评价法》的规定,尽快落实对乡镇企业及城市转移产业等农村建设项目的环境影响评价,逐步开展对农村规划的环境影响评价,并可尝试对地方水环境有重大影响的农业政策进行环境影响评价[①];再次,加大对农村水污染的防治力度,对于已经形成的严重污染,要采取有效措施,积极进行治理,尽量将污染造成的危害控制在不对人体健康造成重大影响的范围内。

建立健全农村水污染监测体系;鼓励研发适合于农村的,经济可行的环保公共设施,以及操作简单、价格便宜、农民容易接受的面源污染防治技术;大力研究和推广"改水、改厕、养殖、沼气四位一体"的生态农业新模式;强化农技推广服务系统,在现有农技推广服务系统中增加和突出科学种田、合理施用农药化肥、节约用水的技术。

(六)完善适合于农村面源污染防治投入机制

加强农村污染防治,亟须创新环保投入机制。第一,保障农村污染防治的财政投入。财政支农资金的使用应按照《方案》要求,统筹考虑增强农业综合生产能力和防治农村污染。财政资金可采用多种方式,灵活投入,如扶贫、"以奖促治"等。第二,在继续发挥政府主导作用的同时,要重视发挥市场机制的作用,鼓励吸引社会资金投入农村水污染防治工作,形成政府、社会、个人等多元化投资机制,实现污染治理多元化,如可研究发行环保债券、环保彩票的可行性。第三,推进农村水污染防治运营市场化和服务专业化[①]。借鉴城市公共环保设施建设和运行市场化的成功经验,从财政、税收、信贷、价格等渠道制定优惠政策,为农村水污染防治运营的市场化提供条件,培育专业农村水污染治理服务机构,实现投资主体多元化,运营主体企业化,运行管理现代化。

(七)建立多元补偿的市场经营机制

建立多元补偿的市场经营机制,可以采取的主要措施有:第一,生产者付费:生态农业产业化,强化农业生产过程的生态化。第二,消费者付费:绿色农产品认证、标识制度。第三,财政与金融:政府补贴与低息贷款。政府要通过科学规划,设计合理的补贴标准,进一步鼓励农民从事清洁生产;及时调整农业补贴方向,已有的农资综合直补重点向有机肥、缓释肥、低毒高效低残留农药、生物农药等领域倾斜[②]。农村金融机构可以为农村绿色农业生产者提供低息与便捷的贷款支助,为这部分生产者解决生产初期的资金缺口问题[③]。

(八)提高环保宣教实效,实现环保参与规范化,农机推广专门化

对现行农业面源污染防治法律法规的实效考察揭示,目前农民最需要的,是关于农业面源污染的有关知识。加强宣传与教育,不仅能增强守法实效,而且能够使民众的环保认知和支付意愿大大加强,从而减轻政府的补贴压力。建立细则明确的农业面源污染防治

① "湖北农村水资源保护研究"课题组.湖北农村水污染防治调查报告[J].中国环境法治,2009(1):141-145.
② 金书秦,魏珣.农业面源污染:理念澄清、治理进展及防治方向[J].环境保护,2015,43(17):24-27.
③ 吕忠梅,王丹,邱秋,等.农村面源污染控制的体制机制创新研究:对四湖流域的法社会学调查报告[J].中国政法大学学报,2011(5):59-77.

宣传、服务制度,加强环保教育和农技推广的专业性。具体而言,一是环保参与规范化。通过立法赋予公众参与权,明确公众参与农业环境保护的程序、途径、监督等实施细则,能广泛提升群众的环保积极性;二是农技推广专门化。在农业技术推广法的基本框架下,制定法律法规的实施细则,因地制宜地制定地方立法,探索建立国家农业技术推广机构与农业科研单位、有关学校以及群众性科技组织、农民技术人员相结合的推广体系。

(九) 完善农民用水户协商制度

完善农民用水户协商制度,培育农民用水户协会,促进农村用水自治,必须制定相应的实施细则,规范农民用水户协会的运作。实施细则的核心内容为:第一,农民用水户协会登记注册制度。引导农民用水户协会进行民政登记的具体程序;明确建立农民用水户协会的政府引导、奖励等制度。第二,农民用水户协会运行管理制度。主要内容为:农民用水户协会内部管理制度。如农民用水户协会章程、会员资格及其权利义务、组织结构、选举制度、工程管理制度、用水管理制度等。第三,资金保障制度。资金投入是限制协会发展的重要因素,实施细则应当明确政府补贴、农民集资、水费等经费的形式、来源,以及相关的法定程序。第四,完善农村专业合作社制度。加强水产品合作社建设,制订科学的水产品绿色供应链定价策略与利益协调机制。

农村面源污染市场防治机制问题及对策研究[*]
——以梁子湖地区为例

范锐敏[**]

21世纪以来,在点源污染得到有效控制之后,面源污染特别是农村面源污染日渐成为重要的世界性环境问题。农村面源污染作为以面积形式分布和排放污染物而造成水体污染的发生源,具有分散性、隐蔽性、随机性、不易监测、难以量化等特征[①],使得对其研究和治理具有较大难度。我国农村同样面临面源污染难题。当前政府虽采取了一些治理手段,但治理成效甚微,尤其是市场防治机制欠缺。针对这些问题,提出完善我国农村面源污染市场防治机制的创新对策,以实现面源污染的有效防治。

一、农村面源污染市场防治机制的理论基础

面源污染,又称为非点源污染(non-point source pollution),是指在不确定的时空位置,污染物以广泛的、分散的、微量的形式渗入地表或地下水体而造成的污染。面源污染在类别上包括农村和城市两类。其中,农村面源污染是现今面源污染的主要来源。它有广义和狭义之分。广义的农村面源污染,是指人们在农村生产和生活过程中产生的、未经合理处置的污染物对水体、土壤和空气及农产品造成的污染。狭义的农村面源污染,仅指农业生产活动中产生的污染[②]。农村环境资源,具有准公共物品属性。当其出现面源污染问题时,将呈现出显著的负外部性,极易引发"公地悲剧"。因而,采取市场机制手段防治农村面源污染,需首先对农村面源污染问题进行理论分析,厘清其本质。

---

* 本文为作者承担湖北水事研究中心科研基金项目的成果,原文载于《生态经济》2016年第7期,作者做了部分修改。

** 作者简介:范锐敏,湖北经济学院法学院副教授,湖北水事研究中心研究员。

① 吕忠梅,王丹,邱秋,等.农村面源污染控制的体制机制创新研究:对四湖流域的法社会学调查报告[J].中国政法大学学报,2011(5):59-77.

② 黄苗,郭红欣.我国农村面源污染防治的法律实效研究:以湖北省丹江口水库为例[J].湖北经济学院学报(人文社会科学版),2015(7):82-84.

（一）农村面源污染的公共产品理论基础

依据公共经济学理论,社会产品包括公共产品和私人产品,其中公共产品根据非排他性、非竞争性特性,又划分为纯公共产品和准公共产品。农村环境资源作为人类生存环境的重要组成部分,具有明显的非排他性和不充分的非竞争性,属于准公共产品。随着农村经济的不断发展,农村环境因任意开采和污染而呈现恶化趋势。这进一步影响了农村生态环境系统的服务功能,使其价值大为减少。农村环境资源的准公共产品属性,使得对农村环境资源"未付费的使用者"也会产生效益,从而容易产生农民对农村环境资源进行过度开采加重农村面源污染的后果。

（二）农村面源污染属性的外部性理论基础

外部性亦称外部成本,包括正负外部性两种。其中,负外部性,是指一个人或企业的行为影响了其他人或企业,使之支付了额外成本费用,但后者又无法获得相应补偿的现象[①]。农村面源污染问题,是一个典型的负外部性问题。当负外部性存在时,农村的生产生活主体农民,对环境的污染伤害而支付的成本要小于社会承担成本,从而形成私人成本收益与社会成本收益的不一致。现实中,农户常基于自身利益最大化考虑去实施生产生活决策,从而偏离甚至背离社会福利最大化原则。这将极易形成农村任意排放生活污染物,施用污染环境的肥料,产生水污染等问题的局面。

（三）农村面源污染问题的公地悲剧理论基础

1968 年,美国的加勒特·哈丁教授提出了"公地悲剧"理论。从"公地悲剧"理论中可知,"公地悲剧"源于公产的私人利用方式。个体通过小而分散的环境损害活动,最终造成公用环境的巨大破坏。在农村环境面源污染中,农户作为个体单位,其自身的生产生活行为对环境影响极大。农户往往因为具有天然的弱势地位,为规避自然和市场的双重风险,追求自身利益的最大化,而选择短期经济效益大而环保效益小的项目,以致直接或间接造成环境污染。特别是农村环境的"公地"性质,更是促使农户成为环境保护中的"搭便车"者,导致农村环境污染日趋严重。

二、农村面源污染市场防治机制现状：以梁子湖地区为例

（一）梁子湖地区农村面源污染现状

梁子湖地区位于湖北省东南部,全区土地面积 482.5 平方公里,水域面积 1.27 万公顷。当前,在我国经济发展新常态的大背景下,梁子湖地区按照"竞进提质、升级增效"的总要求,全面退出一般工业,2014 年实现全区生产总值 57.09 亿元,同比增长 9.10%,农民人均可支配收入 9862 元,同比增长 10.50%。梁子湖地区单位生产总值综合能耗、二氧化

---

① 蔡增珍.中国农业面源污染的经济学研究[D].武汉:中南民族大学,2011.

碳和主要污染物排放均低于鄂州市市控目标。

梁子湖地区虽然主要污染物排放均低于鄂州市市控目标,但农村面源污染仍成为梁子湖水污染的主要来源。具体湖北省及其梁子湖地区农村面源污染排放现状如下。

第一,农业面源污染物排放。我国农村面源污染的最主要污染源是农业生产,主要表现为农药、化肥、地膜等过量使用引起的污染。2013 年湖北省化肥投入量 351.9 万吨,平均每公顷土地化肥投入约 126 千克,高于世界平均水平 120 千克/公顷[1],但有效吸收利用率只有 30%～40%。2013 年湖北省农药使用量为 127 200 吨,有效吸收率只有 15%～30%。这些未被吸收利用的化肥和农药进入水体中,导致湖北水环境质量的恶化。2013 年湖北农业地膜使用量为 66 310 吨。这些农业地膜中,大量使用的都是厚度低于 0.008 毫米的塑料薄膜,再加上残膜回收再利用技术和机制欠缺,使得农业"白色革命"逐步演变为"白色污染",进一步加剧湖北水环境恶化的速度。另外,2013 年梁子湖地区是全鄂州农作物主产区,秸秆产量大,但秸秆经济生态利用率较低,田间秸秆焚烧量占秸秆总产量的 40%左右。

第二,畜禽业面源污染物排放。畜禽养殖产生的大量动物粪便和其他废弃物也是重要的水污染源。我国每年仅猪、牛、鸡三大类畜禽粪便的排放,其化学需氧量为 6900 万吨,约为全国工业和生活污水排放化学需氧量的 5 倍。根据鄂州市第一次农业污染源普查分析,畜禽业粪便产生量 43.63 万吨,尿液产生量 61.45 万吨,排放氮 3697.12 吨、磷 574.97 吨、化学需氧量(COD)43 629 吨、铜 9660.30 千克、锌 17 724.02 千克。这些粪便和污水大多未经处理直接堆放在露天,造成水质污染。

第三,渔业面源污染物排放。湖北省的渔业养殖规模也在迅速扩大,2014 年湖北省渔业总产值达 844.16 亿元,与此同时,大量饵料、鱼药投放造成水环境污染。根据鄂州市第一次农业污染源普查分析,渔业排放氮 6270.33 吨、磷 1242.58 吨、COD 67 792.29 吨、铜 5213.49 千克、锌 367.68 千克。

第四,农村生活垃圾面源污染物排放。生活垃圾是农村面源污染的另一主要来源。当前,我国农村丢弃的生活废弃物数量巨大。据原卫生部调查显示,农村每天每人生活垃圾量为 0.86 千克。同时,随着农民生活的日趋城市化,生活垃圾逐渐转为快餐盒等不易溶解的混合垃圾,每天的垃圾中有 1/4 是这类难以降解的垃圾。梁子湖地区针对生活垃圾,已建设完成 7 座垃圾转运站和 542 个垃圾收集点(房),并配套购置了转运车辆。在生活垃圾生态处置方面,华新环境工程(鄂州)有限公司投资建设的鄂州城乡生活垃圾生态处置项目,在 2016 年年内投入使用。但梁子湖地区的垃圾收集转运站还尚未完全建完,并且还存在农民任意乱泼生活污水的现象。

(二) 梁子湖地区农户对农村面源污染感知行为调研分析

2015 年,受湖北省委委托,湖北省高等院校人文社科重点基地湖北水事研究中心课题组承担了 2015 年湖北重大调研基金课题"湖北省农村面源污染防治体制机制研究"。

---

① 向涛,綦勇.粮食安全与农业面源污染:以农地禀赋对化肥投入强度的影响为例[J].财经研究,2015(7):132-144.

课题组选择梁子湖流域为调研点,重点开展农村面源污染防治体制机制研究。调研过程中,课题组重点访谈了沿湖各地市涉水政府管理部门,并对梁子湖地区的普通农户进行了问卷调查。调查问卷共发放230份,有效问卷217份,问卷有效率达到94.35％。同时为了增加样本的代表性,课题组尽量照顾到不同类型的农民,对其面源污染认知展开调研。调研数据显示,湖北省梁子湖地区农户对农村面源污染感知情况如下。

1. 梁子湖地区农户对水质污染问题较为关心

调研统计数据显示,41.5％的农户非常关心梁子湖水质污染问题,42.4％的农户比较关心梁子湖水质污染问题,只有2.3％的农户毫不关心梁子湖水质污染问题(图1)。

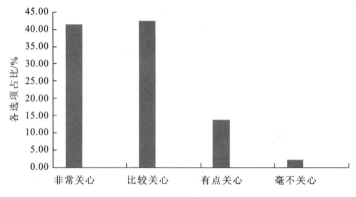

图1　您是否关心梁子湖的水质污染问题?

2. 梁子湖地区农户存在较多的面源污染行为

第一,农户施用化肥行为。调研统计数据显示,45.3％的农户采用化肥灌溉农田,只有10％的农户采用有机肥浇灌农田(图2)。

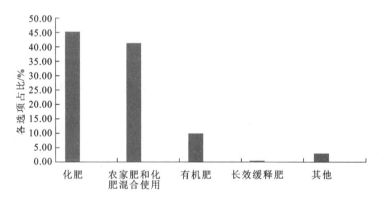

图2　您家主要采用哪种农肥?

第二,农户采用农药行为。调研统计数据显示,有37.6％的农户经常使用农药,偶尔使用农药的农户占到了28.2％,只有8.4％的农户从不使用农药(图3)。

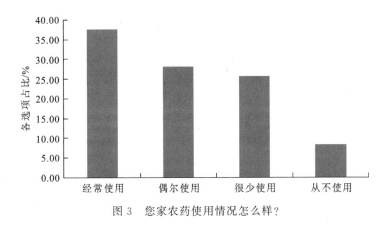

图 3　您家农药使用情况怎么样？

第三，农户处理生活污水行为。调研统计数据显示，在被调查的农户中，有 45.3％的农户有随便乱泼生活污水的行为，并且 35.1％的农户生活污水是经由管道直接排放到水沟或河里，只有 19.6％的农户将生活污水经由专门污水处理系统处理（图 4）。

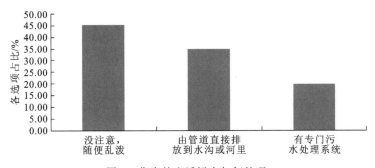

图 4　您家的生活污水如何处理？

从上述农户对梁子湖水质污染的感知和其面源污染行为的调研数据，可知有 83.9％的梁子湖地区农户是比较关心梁子湖水质污染问题的，具有了环境问题认识，但他们的日常行为却反映出村民仍保持造成面源污染的行为习惯，从而形成农民环境保护认知和行为的不一致。

（三）湖北省农村面源污染市场防治现有措施

农村面源污染现已超过工业的点源污染，成为目前我国最大的水质污染源。针对这一问题，无论是我国中央政府还是湖北省政府，都出台了一系列的制度措施，进行防治治理。

2015 年中央一号文件强调，要加强农业面源污染治理，明确提出："走产出高效、产品安全、资源节约、环境友好的现代农业发展道路。"政府工作报告也提出了加强农业面源污染治理的重大任务。2015 年 2 月农业部制定颁布了《到 2020 年化肥使用量零增长行动方案》和《到 2020 年农药使用量零增长行动方案》。其中《到 2020 年化肥使用量零增长行动方案》明确指出："力争到 2020 年，主要农作物化肥使用量实现零增长。"2015 年 4 月农业部出台《关于打好农业面源污染防治攻坚战的实施意见》（以下简称《实施意见》），提出形成全链条、全过程、全要素的农业面源污染解决方案，力争到2020年农业面源污染加剧的趋势得到有效遏制，实现"一控两减三基本"的目标[①]。同时，《实施意见》提出为实现上述目标，需"采取财政扶持、税收优惠、信贷支持等措施，加快培育多种形式的农业面源污染防治经营性服务组织"等市场防治机制。此外，我国目前涉及农村面源污染防治的法律法规，主要有《环境保护法》《水污染防治法》《农业法》《水法》《肥料登记管理办法》《农药安全使用规定》等，如《环境保护法》第四十九条，直接针对农村面源污染防治进行详细规定。

2015年5月，湖北省政协常务副主席范兴元率队调研农村面源污染治理和安全饮水情况时，明确指出："当前，农村面源污染治理已经到了刻不容缓的关键时刻，要高度重视农村面源污染治理工作。要以治理环境倒逼生产生活方式的转变，少欠或不欠新账，多还旧账，争取用3～5年时间从根本上改变农村面源污染情况[②]。"现今湖北省为治理农村面源污染，相继出台了《湖北省农业生态环境保护条例》《湖北农产品基地环境管理办法》《湖北省汉江流域水污染防治条例》《湖北省畜牧条例》《湖北省土壤污染防治条例（建议稿）》《湖北省水污染防治条例》《湖北省排污费征收使用管理暂行办法》等法规，并制定出台《梁子湖流域生态补偿办法》，按照"谁利用、谁管理、谁受益、谁补偿"的原则进行生态补偿。这些立法反映了湖北及其梁子湖地区高度重视农村面源污染防治。

三、农村面源污染市场防治机制存在的问题

虽然我国政府已充分认识到农村面源污染防治的重要性，并相继制定和采取了一些法规和措施，但这些市场防治机制仍存在以下问题。

（一）市场防治法规不完善

从整体上看，我国自1979年以来，先后制定了《环境保护法》《水法》《水污染防治法》《水土保持法》《农业法》《固体废物污染环境防治法》等多部法律。同时，国务院、原环保部、农业部等也颁布了一些环境行政法规和规章，湖北省政府还颁布了一些湖北省地方性的环境法规。但这些法规主要针对工业和城市的点源污染制定，对农村面源污染防治尚缺少系统的法律体系框架，农村面源污染的专门立法更是空白。同时，虽然现有环境法律条文或多或少地涉及了农村面源污染防治内容，但也多停留在宣示性条款和原则性规定层面，内容不够细化、针对性不强，且缺乏可操作性，所以收效甚微。同时湖北省农村面源污染防治立法，制定的多是命令—控制类条款，对处于较弱势地位的农民采取的是"禁止、限制、处罚"式规制，缺少税收、信贷优惠等利益促进型的面源污染防治市场激励规定。

① 杨雪.农业部:有效遏制农业面源污染加剧趋势[J].农村·农业·农民（B版）,2015(6):26-27.
② 余凌云.范兴元出席省人民政协工作机制创新专项领导小组会议调研农村面源污染治理和安全饮水情况[J].世纪行,2015(5):24.

（二）市场防治机制手段单一

行政管制作为政府管理农村环境污染问题的一种强制性方式,主要采取政府出台多项环境规章制度,通过行政处罚形式对农村环境污染进行治理。但是这种治理点源污染的有效方式,在面对农村面源污染的特殊性方面,不能起到很好效果。这是因为政府行政管制措施执行成本较大,一旦执行需配备众多的环保人员、机构和监测设备。这对于污染排放较集中的点源污染较适合,而农村面源污染具有规模小、分散性高、环保部门获取污染信息困难等特点,因此,仅采取行政管制机制难以达到农村面源污染有效防治的效果,需大力引入市场防治机制。不仅如此,现有采取的农村面源污染市场防治机制,主要是制定生态补偿机制,面源污染市场防治的其他机制相对缺乏,甚至有的根本还没有推行,如金融信贷优惠机制等,形成农村面源污染市场防治机制形式单一的局面。

（三）农户对农村面源污染认识不足

1. 农户对面源污染概念认知不足

根据调研数据显示,有28.6%的农户完全不了解农村面源污染概念,57.1%的农户只对农村面源污染概念了解一点点,只有13.4%的农户比较了解该概念,甚至只有0.9%的农户非常了解农村面源污染。

2. 采取的市场防治机制无法满足民众需求

第一,农户对农村面源污染相关市场防治制度知晓不够。据调研数据显示,梁子湖地区被调查农户中,34.1%的农户不了解,也不想了解环境污染治理方面的法律法规,33.6%了解一些,31.3%的农户虽不了解环境污染治理法律法规,但想了解,只有0.9%的农户是非常了解环境污染治理的法规。特别是,对于政府目前出台的拆围政策或措施,39.8%的农户听说过,但不清楚,32.9%的农户根本不知道,只有27.3%的农户知道。可见,对包括市场防治制度在内的农村面源污染防治各项制度措施,大多数农户并不充分了解。

第二,有机肥投入补贴力度尚未完全符合大多数农户期望。调研数据显示,有63.6%农户在政府给予一定量补贴时,愿意减少农用化肥的投放,有27.3%的农户视情况而定,只有9.1%的农户不愿意减少化肥投放量。可见,只要政府补贴合理,补贴符合大多数农户需求,则大多数农户都将愿意减少化肥使用量。同时,调研数据进一步显示,在原有化肥成本的基础上,23.4%的农户期望政府补贴化肥与有机肥差价的41%～50%,才愿意减少或者不投放化肥;而分别有15.6%的农户期望政府补贴化肥与有机肥差价的21%～30%与61%～70%,甚至有14.1%的农户期望政府补贴的化肥与有机肥的差价应在90%以上。可见,大多数农户需要化肥与有机肥的补贴差价在40%～70%。然而,现实中,梁子湖地区政府由于财政资金有限,发放给农户的施用有机肥的补贴尚未达到当地农户需求。

第三,拆围补偿尚未完全符合大多数农户期望。调研数据显示,45.3%的农户表示如果政府要求拆围,若补偿合理则愿意拆围,30.8%的农户表示愿意拆围,而16.2%的农户表示无所谓,只有7.7%的农户表示不愿意拆围。从上述调研统计数据可知,只要政府拆围补偿合理,大多数农户都是愿意实施拆围的。并且,调研统计数据还显示,当拆围补偿达到原有收益的 30%～60% 时,有 33% 的农户愿意拆围;当拆围补偿达到原有收益的 60%～100% 时,则又有 36.2% 的农户愿意拆围;当这一补偿比例达到原有收益的 100% 以上时,将再有 21.3% 的农户愿意拆围。而当拆围补偿为原有收益 30% 以下时,只有 9.5% 的农户愿意进行拆围。可见,政府实施拆围的补偿不得低于原有收益的 30%,还需提高到大多数农户需求的补偿价格。

四、健全农村面源污染市场防治机制对策建议

党的十八大将生态文明纳入"五位一体"的总体布局,推进农村生态环境建设是我国生态文明建设的重要内容。传统经济学认为,环境问题是由外部性引起的,农户行为对于农村环境来说也存在外部性问题。大量实践已证实,市场机制的引入对治理农村环境问题有显著作用。目前,我国有关农村面源污染的市场防治机制建设尚不完善,亟须进行市场防治机制创新。

(一) 解决农村面源污染问题的市场防治机制的关键在于引导农户行为

农户在农村面源污染防治中的作用是不可忽视的。这是因为农户不仅是农村资源的占有者和使用者,也是消费主体。农村资源的过度开采和过度污染,究其根本则是农户这个微观主体行为造成的。农户作为农村经济结构中最基本的生产生活单元,他们的生产生活方式直接关系到农村面源污染的水平高低,他们是农村面源污染的直接来源者。目前,我国农民大部分文化程度不高,因而限制了其接受环境保护新知识、新技术和各种信息的能力,农户更多只能运用传统的生产生活方式和经验去组织生产生活,从眼前利益去判断优劣,还无法清楚地认识到农村环保新制度、新技术、新生产生活方式所带来的长远利益。农户的这些行为,成为影响湖北省乃至我国农村面源污染问题的关键。因此,要有效缓解我国农村面源污染问题,改善农村环境,关键还在于合理引导和优化农户的生产生活行为方式。如果农户的生产生活行为不发生改变,那么任何环境保护工程技术都将收效甚微。

我们认为,农户才是农村环境系统的起始点。他们的行为决定着农村资源的开发利用和环境保护的状况。因而,必须从微观的农户行为入手,对其进行市场激励约束和合理引导,才能从源头有效防治我国农村面源污染问题。

(二) 农村面源污染市场防治机制的具体创新路径

1. 转变立法理念,运用多样的市场型措施和经济激励制度

在面源污染日趋严重的今天,我国应尽快建立健全环境法律体系,不仅要重视面源污染立法,而且需切实制定防治农村面源污染的立法保障内容。

第一,应尽快出台农村面源污染防治的专门法规。农村生态系统是一个不可分割的整体,它具有自身的特殊性,鉴于这种特殊性,需要制定一部综合性的农村面源污染防治

法,以实现对农村面源污染防治的整体调整和规范。并且鉴于不同类型农村面源污染源之间的差距,还应考虑以农药、化肥、畜禽养殖、生活垃圾等不同污染源为调整对象的专项立法,作为综合性农村面源污染防治立法的配套细则加以规范。同时,考虑到各地农村面源污染的特殊性,可结合本地农村发展的特点,制定各地农村面源污染防治地方法规。在上述需新制定的法规中,应规定农村面源污染市场防治制度,如政府补贴、经济补偿等经济激励制度。

第二,修改现有环境保护法规,增加市场型制度措施。我国现有的环境保护法规,主要针对工业点源污染进行规制,即使有涉及面源污染的条款,也多是采用传统的行政命令——管控式规制形式,缺少市场引导和激励性规范,如生态补贴、生态补偿等条款规定。这无形中导致农民参与防治农村面源污染的积极性不足,其参与实施效果也不佳。为此,各地可立足现有法规,采取先试先行办法,创新性地修改现行环境保护法规,增加农户环保行为的激励约束型的市场引导制度规定,如应规定对农户实行较高的农业生产生态补贴制度,实行征收环境税费制度以推动农业清洁生产,实施面源污染之间和面源污染与点源污染之间排污权交易制度、较大额度渔业养殖生态补偿制度等。

2.综合采取多种农村面源污染市场防治手段

农村面源污染市场防治机制的优点之一,就是市场防治机制措施多样,实施者可针对不同的农村面源污染情况,综合运用税费、信贷、补贴等多种手段。从发达国家和地区农村面源污染市场防治机制内容中可知,美国、欧盟和日本都十分重视利用财政补贴、税收、排污权交易制度等市场手段引导公众积极参与农村面源污染防治。当前,我国的市场机制发育正日趋成熟,可借鉴国外有益先进经验,针对现今市场防治机制单一的现状,通过多样化的市场防治手段来引导农民自觉自愿地采取有利于农村环境建设的行为,以有效解决我国农业面源污染问题。如建立以围绕农业清洁生产为核心的科技、产业结构调整的产业鼓励制度机制、税收优惠制度机制、污染风险分担机制、财政补贴制度机制、农村面源污染防治金融扶持制度机制、建立完善污染权排放交易市场等。同时还可设立有奖举报制度,鼓励群众对农村生产生活中违规使用化肥农药投入品、随意排放禽畜粪便、任意泼洒生活污水等行为进行检举揭发,从而予以经济和荣誉奖励。

3.贯彻落实市场防治制度措施,满足农户环保行为需求

无论是制定农村面源污染市场防治制度,还是采用的市场防治机制措施,最终要实现市场有效防治农村面源污染问题的目标,都需要贯彻执行市场防治制度和措施,使其具有可操作性,符合农户环保行为需求。因此,建议采取以下具体化可操作性措施。

第一,加大农村面源污染市场防治法制宣传。制定和修改增加的新的农村面源污染市场防治制度,要想使其真正发挥作用,必须要让每个农户充分知晓。通过开展的湖北省梁子湖地区农户调研的统计结果可知,现今湖北省大多数农户并不非常了解国家、湖北省和本地区的面源污染法律制度。因此,可采取农户通俗易懂的方式,进行法制宣传,如可考虑定期进行入户农村面源污染防治法制宣传、制作法制宣传小漫画等方式。

第二,促使农村面源污染市场防治补贴资金的多元化。为发展生态农业,保护水质环境,我国某些农村地区已放弃工业和其他有污染的项目,这使得这些地区的经济和财政受

到了较大影响。因此，为促进我国农村各地区经济和环境保护的协调发展，建议尽快将各地良好湖泊保护资金列入财政专项，实行专款专用；在经济发展的同时，加大政府对农户环保行为的财政补贴金额，可探索通过一般性财政转移支付方式和流域上中下游之间生态补偿方式，弥补农村地方政府的财政补贴来源损失和补贴压力；积极扩展各种资金来源，吸引企业资金、社会资金等各类资金对农村面源污染防治的投入，特别是要吸引农企和农民的参与和投入，以避免现今政府单一补贴资金投入的局面。

第三，推行农户环保信贷优惠制度。为更好地促进农民实施环保行为，我国还可制定金融优惠规定，推行农户环保信贷优惠制度，通过政府与金融机构进行合作的方式，采取市场竞争机制，选择核定符合环保型条件的农户。同时，对认定的环保型农户自行制定的环保方案进行审查，一旦获得专家审核通过，可规定实施该环保农户享受银行为其提供的长期低息或无息贷款，以激励农户积极实施农村面源污染防治行为，形成良好机制。

第四，实行农村面源污染与点源污染相结合的排污权交易制度。排污权交易是在满足环境要求的条件下，建立合法的污染物排放权，即排污权（这种权利通常以排污许可证的形式表现），并允许这种权利像商品一样被买入和卖出，以此来进行污染物的排放控制[1]。排污权交易若在面源污染与点源污染间实行，不仅可将农村面源污染纳入排放总量控制任务中，吸纳更多的防治资金，而且还能有效降低工业企业的污染防治成本，从而达到我国农业和工业共同可持续发展的目的。若在面源污染间实行排污权交易，则可通过这种交易形式，按照各农村区域的容纳能力，设定区域内的可排污总量，然后以许可证方式将总量分解到每个农户。农民只能购买许可范围内的份额，若某农户用不完，则可转让给其他农户使用[2]。这既可保障农村生态环境，又能激发农民防治污染的主动性，从而提升农村的绿色生产生活水平。因此，借鉴国外有益经验，实施建立点源与面源相结合的排污许可交易制度，可实现我国农村面源污染市场防治机制的社会效益最大化。

---

① 支海宇.排污权交易应用于农业面源污染研究[J].生态经济,2007(4):137-139.

② 杨立斌.中国农村面源污染多中心治理问题研究[D].哈尔滨:东北林业大学,2012.

梁子湖区面源污染治理模式创新调研报告

袁文艺[*]

一、梁子湖区湖泊保护的现状与措施

梁子湖流域跨武汉、鄂州、黄石、咸宁 4 市,蓄水量约 6.5 亿～8 亿立方米,水面面积271 平方千米,主要分布在鄂州和武汉,其中鄂州部分的面积为 113 平方千米。梁子湖的出水口及旅游胜地梁子岛位于鄂州辖区。梁子湖区即因梁子湖而得名。梁子湖水面面积仅次于洪湖,位居全省第二,蓄水量全省第一。梁子湖是我国大湖中保护较好的湖泊之一,水质以 II、III 类为主,部分水域水质为 I 类。

梁子湖是重要的跨区域湖泊,管理体制上是省市共管。省里由湖北省水产局下属的梁子湖管理局管理,其职能是"维护梁子湖渔业生产秩序、执行《梁子湖环境保护规划》等法律法规,开展日常巡查"。梁子湖区水务部门负责鄂州所辖湖区的湖泊保护巡查。鄂州市高度重视梁子湖的生态保护,市委书记任湖泊负责人,梁子湖区委书记任湖长,明确了梁子湖各子湖的负责人及临湖各乡镇的岸线长。

湖泊的污染源包括工业污染、生活污染和农业面源污染。工业污染治理方面,梁子湖区采取了最严格的环境保护措施:全区退出一般工业;全域禁止引进和发展不符合产业政策的项目;对重点污染源企业实行限产限排,倒逼企业污染治理升级;推动现有落后产能全面退出市场。生活污染治理方面,集镇污水必须经过深度处理,排放的化学需氧量(COD)、生化需氧量(BOD)浓度达到地表水 IV 类水体水质标准,氨氮、总磷优于《城镇污水处理厂污染物排放标准》(GB 18918—2002)中一级 A 标准,"十二五"末全面建成涂家垴镇、沼山镇、长岭镇、梧桐湖新区等集镇污水处理厂。村庄污水分片收集处理,采用微动力和无动力污水处理设施,出水水质要达到一级 B 排放标准,加强已建成农村污水处理设施的正常运行、维护,加大农村生活污水处理的资金投入。农业面源污染治理方面,按照有机农业连片生产基地建设要求,全面推广测土配方施肥,加强农村种植技术培训,降低

* 作者简介:袁文艺,湖北经济学院财政与公共管理学院教授,湖北水事研究中心研究员。本文为作者承担湖北水事研究中心科研基金项目的阶段性成果。

化肥施用强度,2015 年化肥施用量较 2012 年减少 40%;强力推进农作物病虫害综合防治,降低化学农药施用量,2015 年农药施用量较 2012 年减少 30%。根据区域环境资源承载能力,合理调整畜牧业布局。沿梁子湖 3 千米范围内禁止发展畜牧产业;全区适度控制,调整布局,加大畜禽养殖小区环境治理力度。2015 年,养殖小区畜禽粪便无害化处理率达到 90%。

总体而言,梁子湖区在湖泊污染治理上做了大量的工作,尤其是一般工业的全面退出和集镇污水的集中处理,使"点源污染"得到了卓有成效的控制。与点源污染相比,当前农村家庭承包的经营模式,依赖于化肥和农药投入的生产方式,使农业面源污染呈现"点多、面广、分散、处理难"的特点。面源污染难以像点源污染一样集中治理,成为水环境污染的重要因素。研究表明,巢湖、洱海、淀山湖、密云水库、于桥水库等水域,面源污染的比例已经超过点源污染,上升为水环境污染的主要原因①。面源污染的影响因素包括农田经营管理、土地利用方式、农业结构与农业经营规模等②。农业结构调整,如发展有机农业和生态农业,可减少化肥和农业投入,减少面源污染。农业经营规模的大小也是影响面源污染的重要因素。冯孝杰以三峡库区为例分析了农业经营规模与面源污染之间的关系,研究结果表明,面源污染负荷与农户的经营规模,特别是粮食和蔬菜的种植规模呈现显著的负相关关系,面源污染负荷随经营规模的减小成倍地增长。主要原因在于土地经营规模小不利于先进技术的应用,同时碎片化经营方式的技术含量低、科学性差和管理的无序,造成过量营养物质、有毒有害污染物等在空间上的富集。土地的规模经营可以提高化肥、农药等相对合理的施用,也有利于农户对农田管理效应的充分发挥③。梁子湖区在农业面源污染治理中,采取了通过土地流转发展生态农业以减少农业污染物排放的举措。笔者对此进行了实地调查,期望对该举措的经验和问题进行总结和分析,为梁子湖的面源污染治理提供有益的建议。

二、梁子湖区面源污染治理的实证调查

2015 年 7 月 9～16 日,笔者到梁子湖区调查。调查方式包括问卷调查和深度访谈,调查对象包含农户、政府官员和农业企业三大主体。针对农户进行问卷调查,针对政府官员和农业企业展开深度访谈。对问卷与访谈获得的信息进行了系统的收集与整理,并运用统计产品与服务解决方案(SPSS)等统计软件进行定量分析和描述分析相结合的数据分析,同时针对个别具有代表性的案例进行较为深入的分析。

(一) 对农户的问卷调查

笔者走访了梁子湖区太和镇、涂家垴镇等村镇百余农户,发放问卷共计 100 份,回收

---

① 饶静,许翔宇,纪晓婷.我国农业面源污染现状、发生机制和对策研究[J].农业经济问题,2011(8):81-87.

② 梁流涛,秦明周.中国农业面源污染问题研究[M].北京:中国社会科学出版社,2013:6-9.

③ 冯孝杰.三峡库区农业面源污染环境经济分析[D].重庆:西南大学,2005:85.

问卷 67 份。问卷调查的目的是了解农户对土地流转和水环境保护的态度。由于梁子湖区是鄂州市经济发展程度相对滞后的行政区,青壮年农民大多外出务工,农户受访对象多为文化水平不高的老年农民,一定程度上影响了问卷的回收率和答卷质量。

1. 土地流转中农民的参与度

在回收的 67 份问卷中,已参与土地流转的农户达 68.7%。表明当地农民参与土地流转的程度较高,政府对土地流转的宣传普及力度较大,同时也说明了当地全面开展土地流转的时机已经成熟。

2. 村民水环境保护的意识

表 1 显示,村民认为水质改善很重要的有效百分比为 66.7%,表明村民对水环境保护的重视。在经济收入和水质改善的比较中,收入整体上不高的村民也认同后者的重要性。一些老年村民认为现在的水质比他们年轻时差了很多,希望加大水环境保护的力度。

表 1 农户认为水质改善的重要性

	选项	频数	占比/%	有效占比/%
有效	很重要	44	65.7	66.7
	较重要	18	26.9	27.3
	与收入相比不重要	2	3.0	3.0
	无所谓	2	3.0	3.0
	合计	66	98.5	100.0
无效	缺失	1	1.5	
合计		67	100.0	

3. 土地流转的用途及影响

流转的土地用于绿色和有机农业的近 50%(图 1)。说明土地流转方向主要为绿色和有机农业,从侧面反映出当地村民对绿色和有机农业生产理念的支持。访谈中部分村民已经意识到绿色和有机农业生产对水环境保护的重要性。

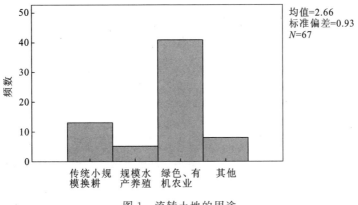

图 1 流转土地的用途

表 2 表明,约 30% 的农户认为土地流转对水环境有一定的改进作用。但大多数农户并没有认为土地流转后水环境有所好转。同时在走访中笔者也了解到,许多认为水环境没有好转甚至是变差的农户,多是抱怨政府提供的水源如自来水等相比从前使用的井水等不太洁净,而从政府相关负责人处了解到,自来水供水系统目前并不完善,且大多数村民依旧习惯于取井水使用,这与土地流转本身并没有直接关系。因此,不能因为农户对水环境与土地流转之间的关系不明确、不清楚,而轻易否定土地流转对水环境改善的作用。此外,土地流转改善水环境可能也需要一个过程。

表 2 农户对土地流转后水环境的评价

选项	频数	占比/%	有效占比/%	累计占比/%
好	21	31.3	31.3	31.3
一般	30	44.8	44.8	76.1
差	16	23.9	23.9	100.0
合计	67	100.0		

4. 土地流转与农民收入

表 3 表明,认为土地流转使得"自己收成变好了、收入增加了"的回答共 42 个,占有效问卷数的 62.7%,可知从总体上,土地流转提高了农户收入。收入能否提高是农民是否支持土地流转的重要因素,某种程度上是决定性因素。从与政府和农业企业的访谈中得知,农户土地流转给农业企业后,农民能从土地租金、入股分红、打工等多个途径得到收入,其收入明显高于传统的农业种植收入。

表 3 土地流转是否增加了农民收入

选项	频数	占比/%	有效占比/%	累计占比/%
否	25	37.3	37.3	37.3
是	42	62.7	62.7	100.0
合计	67	100.0	100.0	

5. 对政府政策的认知

表 4 和表 5 的数据表明,调查对象中 58.2% 的农户不了解水环境保护的相关政策,只有 37.3% 的农户是由于政府推动而参与土地流转。由此建议政府加大政策宣传力度,使得农户广泛了解和支持土地流转和水环境保护的政策,从而更好地落实政策。

表 4 农户对水环境保护政策的了解

选项	频数	占比/%	有效占比/%	累计占比/%
很了解	6	9.0	9.0	9.0
了解一点点	22	32.8	32.8	41.8
不了解	39	58.2	58.2	100.0
合计	67	100.0	100.0	

表 5　农户参加土地流转的原因是否为政府推动

选项	频数	占比/%	有效占比/%	累计占比/%
否	42	62.7	62.7	62.7
是	25	37.3	37.3	100.0
合计	67	100.0	100.0	

基于以上数据资料,可以做出假设:

原假设 H_0:农户参与土地流转的原因是政府推动与农户是否了解政府相关政策不相关。

备假设 H_1:农户参与土地流转的原因是政府推动与农户是否了解政府相关政策相关。

表 6、表 7 和表 8 的数据表明,$P=0.688$,Lambda 值为 0.000,由于 P 值大于 0.05,拒绝原假设,即农户参与土地流转的原因是政府推动与农户是否了解水环境保护政策相关。但 Lambda 数值较小,可认为相关性不强。从数据分析中可以看出,政策的落实与其宣传力度是具有相关性的,尽管相关性不强,但是政府作为政策的落实者,应该重视每一个对政策执行产生影响的环节,以保证政策落实的质量。

表 6　交叉制表

对水环境保护政策的了解程度	参加土地流转的原因是否为政府推动		合计
	否	是	
很了解	5	1	6
了解一点点	14	8	22
不了解	23	16	39
合计	42	25	67

表 7　卡方检验

项目	值	df	渐进 Sig.(双侧)
Pearson 卡方	1.474[a]	3	0.688
似然比	1.873	3	0.599
线性和线性组合	1.205	1	0.272
有效案例中的 N	67	—	—

注:a.4 单元格(50.0%)的期望计数少于 5。最小期望计数为 0.37。

表8　方向度量

			值	渐进标准误差[a]	近似值 T	近似值 Sig.
按标量标定	Lambda	对称的	0.000	0.000	.[b]	.[b]
		您了解政府保护水环境的政策吗?(因变量)	0.000	0.000	.[b]	.[b]
		参加土地流转的原因是政府推动吗?(因变量)	0.000	0.000	.[b]	.[b]
	Goodman 和 Kruskal tau	您了解政府保护水环境的政策吗?(因变量)	0.005	0.012		0.791[c]
		参加土地流转的原因是政府推动吗?(因变量)	0.022	0.024		0.693[c]

注:a.不假定零假设。b.因为渐进标准误差等于零而无法计算。c.基于卡方近似值。

(二) 对典型农业企业的访谈

截至2015年,梁子湖区有146家农民专业合作社、51个家庭农场和46家企业参与了土地流转。46家企业中,规模最大的2家企业是位于太和镇的湖北联和有机农业有限公司和位于涂家垴镇的蓝莓基地。这两家企业也是国有资本和民间资本投入生态农业的代表。笔者对这两家农业企业进行了深入的调查。

1. 湖北联和有机农业有限公司

(1) 公司概况

湖北联和有机农业有限公司,创建于2014年4月,是湖北省鄂州市第一家以发展高端农产品为定位,集有机食品种植、养殖、加工、贸易和旅游观光为一体的现代高科技农业公司。公司注册资本9045万元,是湖北省联投集团与鄂州市人民政府重点合作,集省、市重点农业项目资金扶持打造的有机农业示范型企业,是鄂州市打造梁子湖(国际)生态文明示范区的重要战略平台之一。

公司项目位于梁子湖区太和镇花黄、谢埠、金坜三村,规划建设有机农业生产基地10 000亩,目前已建成6783亩有机稻基地。公司立足"优质、高端、高效"的理念,以有机稻生产为主攻目标,迅速形成品牌。后期公司还将逐步向有机果蔬、有机水产、有机畜禽等项目发展,以农业生产、加工、成果展示、农家体验、食疗养生为亮点,打造全国知名的农业观光休闲体验度假区。

(2) 公司的生态效益

目前,公司主要项目为生产有机稻,按照"环境生态化、农田标准化、设施现代化、种田科学化、操作规范化、产品有机化"的标准打造高端的"梁稻"大米。访谈时,公司刘总介绍了"两清两减"的生产方式,即通过"清洁种植、清洁养殖"和"减化肥、减农药",发展有机农业、生态农业和循环农业。"减化肥"指施用符合国家有机标准的生物有机肥取代传统的无机化肥。"减农药"指采用全生物防治(防治病虫害的为国家认证的生物药,如素银杆菌)和物理防治(太阳能超能灯,赤阳灯生物导弹)等手段取代传统农药。"减化肥、减农药"的生态效益,见表9和表10。"减化肥"方面,施用生物有机肥,总磷(P)的排放量可减少6~8千克/亩,总氮(N)的排放量可减少13~15千克/亩。按现有的6783亩有机稻测算,可减少总磷(P)排放约47.5吨,减少总氮(N)排放约95吨。"减农药"方面,减少防治病害的拿敌稳 30 克/亩,共计 203.49 千克;减少防治螟虫的毒死蜱 300 克/亩,共计 2034.9 克;减少防治飞虱的吡蚜酮 20 克/亩,共计 135.66 千克。总计减少农药 2374.05 千克。

表 9 "减化肥"的生态效益

项目	每亩减排量/千克	共计(6783 亩)/吨
总磷(P)	6~8	47.5
总氮(N)	13~15	95

表 10 "减农药"的生态效益

名称	功能	每亩用量/克	共计用量(6783 亩)/千克
拿敌稳	防治病害	30	203.49
毒死蜱	防治螟虫	300	2034.90
吡蚜酮	防治飞虱	20	135.66

采取传统生产方式的农民为了增产增收,大量甚至过量使用化肥、农药。公司的技术专家介绍,过量使用化肥会造成土壤板结,肥力下降,会使化肥的使用量一年比一年多,使土壤酸碱度失调。农田灌溉水直接排入梁子湖,会造成水体 COD 上升,水体富营养化等环境污染。引发农村面源污染严重的因素很多,其中总氮、总磷、化学耗氧量等指标不同程度的超标是重要原因。生物肥的作用是培肥利地。生物药来源于全生物体提取和微生物,在土壤中的降解速度非常快,只需 3~5 天就可完全降解。常规的化肥农药在土壤中不易降解,长期积累,会对土壤造成不可逆的影响。公司采用"两清两减"的生产方式,大幅度减少了总氮、总磷的排放和农药的施用,具有显著的生态效益。

(3) 公司的经济效益

公司经济效益包括公司收益和农民收益两个方面。公司收益方面,有机稻每亩产量约 300 千克,低于普通水稻产量,生态化的生产成本也明显高于普通水稻,但绿色天然的"梁稻"是稻米中的高端品种,市场价格远高于普通水稻。"梁稻"系列产品中的"至尊之道"、"养尊之道"和"听道"市场价格分别为 199.6 元/千克、139.6 元/千克和 40 元/千克,已经进入了武汉等中心城市的市场。当然,公司处在创业期,"梁稻"品牌的推广、消费者的认可还需要一定的时间。

公司采取"公司+合作社+农户"的运营模式。通过土地流转,农户和合作社的土地转给公司经营。公司的股本中,湖北省联投集团占 51% 的股份,村集体占 5% 的股份,农户以其土地 15 年的流转租金占有剩余的股份。这种运营模式中,农户从三个方面取得收益。一是农田每亩每年 400 元的流转租金,二是作为公司农业工人的工资,三是股本分红。土地流转之前,农民每亩土地的年耕作收入约千元,青壮年农民因收入低纷纷外出务工。土地流转之后,农户收入有较大的提高,这也是他们愿意参与土地流转的根本原因。

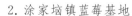
2.涂家垴镇蓝莓基地

（1）基地概况

涂家垴镇蓝莓基地位于鄂州市农村产权制度改革、梁子湖区生态文明建设试点村张远村。蓝莓基地原属于低产林地，多为残刺林，土地使用率低。少数种植地段，因其地势较高，农户大多采取传统种植方式，农药、化肥的使用使下游水质受到影响。2009年，由湖北省林业产业化省级龙头企业鄂州梁子湖白龙有机农业科技开发有限公司对低产林地改造开发，发展有机高效农业。原林地农户土地流转给基地，85％以上农户自愿参与土地流转，并优先在园地内分配工作。目前，基地累计完成投资8000万元，种植蓝莓3300亩45万株，平均亩产400千克，亩均产值2万元以上，规模居湖北省第一，全国第三。下一步，基地将按照"基地＋加工＋旅游"的发展模式，基地面积扩至10 000亩，实现原果、深加工及生态旅游融合互动发展。

（2）基地的生态化生产

生产准备阶段。使用优质土壤改善原有土壤，以保护土壤为前提，提升地力，增强农业生产力。修整土地，改造原本无法使用的残次林。清空植被，调整土地pH值为5.5，方法主要为从大兴安岭购买煤炭，每亩以5千克煤炭土混搭当地土。安装虫灯或是树上粘浆以达到除飞虫的目的。针对地下虫采取人工挖白蚁的措施。

种植阶段，不使用化肥，不使用农药，绝对绿色环保。一是除杂草。基地采用的方法是从澳大利亚引进豆科植被三叶草，种植在蓝莓树附近。三叶草具备四个天然作用：①其自身的特质适宜蓝莓种植；②能够杀死生长在其中的野草；③利用根部可以防止水土流失；④由于三叶草不适宜高温生长，所以在夏季会自我消亡，可以免除人工除草工作，且枯萎的三叶草含有有机氮，能在蓝莓树底部转化为有机肥料。相比较于人工农药除草，按照一年3次农药，一亩地需配一瓶农药，一瓶农药质量为0.1千克，计算得出基地一年能减少约1500千克农药的使用。二是施肥。基地统一施加有机肥，方法一般为深埋地下。相比较于化肥，按照每年施肥两次，一次用量为0.1千克/株，45万株蓝莓树可减少施用化肥90吨。三是灌溉。基地采取将生活用水三级处理后滴管浇灌，滴管一般浅埋在蓝莓树附近，密集安装。基地的技术专家介绍，滴灌的水资源利用效率是漫灌的2倍以上。

（三）对政府官员的访谈

本次调研，得到了梁子湖区政府多个部门的大力支持，笔者先后与区领导、区农业局、环保局、水务局、农经局、生态办等部门领导及乡镇领导座谈。

1.高度重视梁子湖的环境保护

鄂州市和梁子湖区领导高度重视梁子湖的生态保护工作。市委书记李兵提出把梁子湖创建为全国生态文明示范区，实现"四区同创"（全国生态文明示范区、全国旅游强区、全国有机产品认证示范区、全国文明城区）。2014年1月，梁子湖区委、区政府制定了《关于高标准推进生态环境保护工作的意见》，提出了生态环境保护的总体指标：到"十二五"末，全区化学需氧量、二氧化硫、氮氧化物和氨氮排放总量达到总量控制要求，削减总量达到减排目标；全区环境质量达到相应功能区标准，梁子湖水面达到Ⅱ类水质标准，入湖河港达到 III 类水质标准。农业面源污染比 2013 年减少 50% 以上；绿化率比 2013 年翻一番；集中式饮用水水源地水质达标率 100%；农村环境综合整治率达 100%；全面禁止秸秆野外焚烧，秸秆综合利用率在 90% 以上；生活垃圾处置率达 100%；基本建成集镇污水处理厂和农村生活污水处理设施，城镇污水处理率不小于 80%；涂镇湖、前海湖、齐心湖等湖泊禁止投肥养殖，创建有机水产品品牌；全区 500 亩以上有机食品基地不少于 20 个；区域内无"两高一资"企业，一般性工业全面退出。

针对梁子湖的生态保护，梁子湖区政府主要做了四个加减法工程。一是，上游做减法，下游做加法。减轻上游环湖地区经济、人口承载量。调减上游建设用地，将其布局基本农田，实现耕地向梁子湖上游承雨区内集中，重点发展生态农业、观光农业，重点依托梧桐湖新区发展生态旅游、科技研发和文化创意等产业；二是，传统产业做减法，新兴产业做加法。一般工业做减法，生态产业做加法。全区退出一般工业；三是，解决水患做减法，巩固水利做加法。推进了梁子湖岸线整治、梁子湖东水土保持、梧桐湖区域梁子湖水生态系统修复及"两湖连通"等工程，综合治理徐桥港、幸福河、子坛港、谢埠港等入湖河港；四是，水面生态负担做减法，生态修复做加法。实施水生植被修复工程、农业面源污染治理工程、工业污染防治工程、生活垃圾处理工程、旅游污染治理工程。这四个加减法工程和梁子湖生态保护"五大工程"被誉为"梁子湖环保模式"，使梁子湖生态环保提高到了一个新的水平。2011 年 4 月 24 日，在北京结束的全国九大重点湖泊生态安全调查与评估验收会上，梁子湖获得"最安全"的评价，居各湖生态安全之首。

2. 大力推进土地流转

梁子湖区总耕地面积 19.15 万亩（其中水田 13.73 万亩，旱地 5.42 万亩）。目前经调查以委托代耕、互换、转包、出租、入股等形式流转土地 6.8 万亩，占总耕地面积的 35%，其中出租、转包、入股三种方式为主。土地流转农户 1.44 万户，占总户数的 34.7%。按经营主体分类，流入合作社总面积 6241 亩，家庭农场总面积 13 208 亩，农业公司总面积 20 476 亩，种养大户面积 4965 亩，其他主体面积 22 867 亩。按经营规模分类，50 亩以上的 175 处，其中，50～100 亩的 88 处，共计 6218 亩，100～500 亩的 70 处，共计 13 189 亩，500～1000 亩的 6 处，共计 5100 亩，1000 亩以上的 11 处，共计 20 262 亩。流转年限最短半年，最长的为 30 年。流转租金合同拟定方式有现金和实物，以现金居多。流转价格最高每年每亩 1000 元，一般是每年每亩 400 元。全区林地面积 15.49 万亩，已流转面积 5.4 万亩，占总林地面积的 34.86%，以转包、出租等形式流入 240 户，其中流入企业 30 家。从 2010 年至今，全区林农户已向鄂州市农村信用合作联社办理林权抵押贷款 13 宗，金额达 1370 万元。

梁子湖区土地流转的特点表现为：流转的数量日益扩大化，流转的形式呈现多样化，流转的主体日趋多元化，流转的面积逐步规模化，流转次序逐渐组织化，流转的价格趋向市场化，流转的土地用途多样化。当然土地流转过程中也存在一些问题和难点，如农户的五种疑虑和规模经营主体的三大困难。农户的五种疑虑是：一是对流转本身心存疑虑，不愿流转；二对惠农政策理解不深，不舍流转；三对土地的价值期望较高，不易转出；四是对流转价格存在疑虑，不急于转出；五是农户的土地有限，农民的实力不强，不能流转。

规模经营主体的三大困难是集中连片流转难，基础设施建设难，贷款融资难。针对这些问题，梁子湖区政府提出了进一步推进土地流转的六条措施：一是加强宣传培训，引导土地流转；二是抓好典型示范，鼓励土地流转；三是加快农业结构调整，促进土地流转；四是加大政策支持，推进土地流转；五是强化市场引导，服务土地流转；六是明确组织机构，监管土地流转。

3. 部门之间的分工协作

涉及水环境保护和土地流转职能的政府部门有生态办、水务局、环保局、农业局、农经局等部门。生态办的职能是在政府领导下编制生态保护规划，并协调和监督各相关部门的工作。水务局的职能是利用水资源和保护水环境，主要是在水域内履行其水环境保护职能，如渔政执法，对投肥养殖进行监管等。环保局主要是监管对湖泊的排污，即监管点源污染。除了区域内的点源污染监管，还涉及跨流域监管，如环保局曾经对梁子湖上游咸宁区域的排污口进行监控。农业局的主要职能是支持和指导农业生产和发展，如农村土地整理、农田水利建设（和水务局协作）、农业综合开发、农业产业化等。农业局还承担农业技术推广职能，如有利于总氮和总磷减排的测土配方施肥技术的应用和推广。农经局是制定和实施土地流转政策的主要部门，为推进土地流转和农业结构调整提供农资补贴和财政奖补等政策支持。农经局和农业局紧密协作，围绕创建生态示范区这一目标，制定中长期发展规划，引导土地流转和规模经营向优势产业和优势区域集中，加大农业结构调整力度，因地制宜发展生态、安全、高效农业和特色农业。

三、"土地流转＋生态农业"：梁子湖区面源污染治理模式

（一）传导机制

梁子湖区面源污染治理的调研中，"土地流转"和"生态农业"是政策文件和访谈中经常出现的高频词。根据梁子湖区的实践和经验，可以提炼出"土地流转＋生态农业"的面源污染治理模式。面源污染治理的关键是"减化肥"和"减农药"的清洁生产。有机农业和生态农业是在生产中完全或基本不用人工合成的肥料、农药、生长调节剂和畜禽饲料添加剂，而采用有机肥满足作物营养需求的种植业，或采用有机饲料满足畜禽营养需求的养殖业，契合清洁生产的理念。有机农业的技术、资本和管理有一定的门槛，传统的小农生产难以达到有机农业的门槛。此时，通过土地流转，农业企业和合作社代替单个的农户成为规模经营主体，有实力从生产普通农产品转向生产高附加值的生态化的有机食品。倒推过来，梁子湖区推行的以"土地流转"和"生态农业"促进面源污染治理的传导机制是：土地流转→ 规模经营→ 生态农业→ 清洁生产→面源污染控制。

（二）现实意义

"土地流转＋生态农业"的面源污染治理模式，其核心现实意义体现为实现了农业现代化与生态文明建设的结合。面源污染治理的目标无疑是促进生态文明建设，而作为实

现目标的过程和手段的土地流转和生态农业,也是农业现代化的重要组成部分。土地流转的实质是从个体和分散的农业经营转向集中和规模经营。规模经营是当今我国农业现代化的必由之路。近年来以土地流转实现规模经营是我国农村和农业改革的热点。2014年中央一号文件正式提出农村土地三权分置,在落实农村土地集体所有权的基础上,稳定农户承包权、放活土地经营权,允许以承包土地的经营权向金融机构抵押融资,是规范和促进土地流转的重要政策。发展有机农业和生态农业,是传统农业的结构调整和产业升级,也是整个中国产业结构调整和升级的必然要求。可以说,实现了规模经营和产业升级,也就基本实现了农业现代化。此外,梁子湖区领导还提到,发展有机农业和生态农业,还能起到保障食品安全和建设美丽乡村的作用。有机和生态农产品作为高质量的安全的农产品,是农业产业升级的成果,也是"从田头到餐桌"的食品安全全程控制的源头保障。生态农业和观光、体验农业,是美丽乡村的产业支撑。

(三)运行条件

梁子湖区"土地流转＋生态农业"的面源污染治理模式的有效运行,有赖于三个条件。一是自然禀赋。如湖北联和有机农业有限公司刘总所言,之所以能种植出高品质的有机稻,离不开梁子湖区域独特的自然环境,即优质的土壤、清洁的空气和洁净的水源。公司种植区域位于武昌山与梁子湖缓冲地带,天然山水隔离污染。开凿引渠太和龙山山泉水全程灌溉,泉水天然甘甜,内含丰富有机物、矿物质,每一粒稻谷都能喝足优质的山泉水。二是市场驱动。市场机制在资源配置中起决定性作用。尽管需要大量的资金投入和培育市场的耐心,社会资本之所以愿意投资于规模农业和生态农业,是因为发现了居民消费提档升级后高品质的有机农产品的市场前景和利润空间。农民之所以愿意把土地流转给合作社和企业,主要原因是流转之后通过种种途径能获得更高的收益。三是政府引导。政府之手在资源配置中也发挥着重要作用。政府的引导作用体现在三个方面。其一是加大宣传,引导农民的环保意识。其二是做好保障,引导土地流转的有序进行。其三是科学规划,引导规模经营向有机农业和生态农业聚集。

四、加强面源污染治理的若干建议

梁子湖区的实践证明,以土地流转为工具,形成规模经营,改变传统生产方式,调整农业结构,能有效控制对水环境产生面源污染的农药和化肥的排放。"土地流转＋生态农业"的面源污染治理模式,对农业现代化和生态文明建设有着重要的现实意义,针对其他农村区域也具有重大的推广价值。该模式的有效运行,除了需要农户、企业和政府三个主体的共同努力和有效配合外,还需要解决好如下问题。

(一)理顺面源污染治理的监管体制

涉及湖泊治理的政府部门有生态办、水务局、农业局、环保局等。其中生态办的职能主要是规划协调,没有具体的执法职能。水务局的职能是水资源利用和水域内环境监测,而面源污染主要来自岸上的农田。农业局的职能是支持和引导农业发展。环保局的职能是监管工业污染和城镇生活排污,简言之主要是监管点源污染。环保局的领导告诉笔者,基层环保系统内对面源污染只有概念上的认知而缺乏如政策、技术、设施、人力等必要的监管资源的能力。对于点源污染治理,"水务局＋环保局"是合适的政府监管主体,即环保局监管岸上的污染源,水务局负责水质和水环境的监测。对于面源污染治理,建议以农业局为监管的责任主体单位。农业局是直接与农民和农业企业打交道的部门,而且农业部门的一个重要职能是农业技术培训和推广,如测土配方施肥技术和病虫害综合防治(IPM)技术等农业清洁生产技术是农业技术培训和推广的重要内容。以农业部门为监管主体,生态办、环保部门、水务部门等分工协作,形成面源污染监管的有效体系。环保部门和水务部门可提供环保和水质监测方面的技术支持。如水务部门可在梁子湖的入湖口对入湖水质进行持续监测,监测结果作为评估面源污染治理效果的重要依据。

(二) 加大面源污染治理的生态补偿力度

环境治理具有显著的正外部性,生态补偿是题中应有之义。梁子湖区作为经济落后地区,为了保护梁子湖这个武汉市和湖北省战略水源地付出了巨大的牺牲,如全面退出一般工业,大力推进面源污染治理。梁子湖区领导介绍,区级财政设立了每年 600 万元"以奖代补"的生态补偿基金,这笔基金对于梁子湖的保护无异于杯水车薪。就梁子湖区来说,其生态补偿资金应在湖北省和国家的层次上筹措,在政府预算内列支。关于生态补偿,学界已有大量的研究文献。如吕忠梅等提出构建由生产者付费、消费者付费和财政与金融支持组成的面源污染治理多元补偿机制[①]。其中生产者付费指生产有机和生态农产品比生产传统农产品额外付出的成本,消费者付费指的是消费者购买相对高价格的有机农产品,财政与金融支持指政府补贴与低息贷款。笔者认为,多元补偿机制可划分为市场补偿和政府补偿,现阶段的生态补偿的重点是政府补偿。政府补偿具有理论和现实上的双重意义。理论上政府补偿是对生态治理、美丽乡村、食品安全等正外部性的激励。现实中政府补偿是对农业规模经营和清洁生产的有力支持,是对市场补偿的前期投入。生态农业对技术、管理的要求高,资金投入大,有机产品认证、品牌推广和市场认可方面都需要一定的周期。可以说,生态农业的发展前景可期,但也具有风险和不确定性,如企业因为资金压力不能兑现对农户的流转租金和工资,会引发农户的不满和抵触。因此,政府支持对转型升级中的农业现代化具有"扶上马,送一程"的现实功能。

(三) 推进面源污染的流域协同治理

梁子湖是跨区域湖泊,流域涉及鄂州、武汉、黄石、咸宁。其中,黄石和咸宁是上游水源地,梁子湖湖岸城市为鄂州和武汉。

上游水源的质量直接影响梁子湖的水质,如咸宁市咸安区是梁子湖的水源地之一,提供着梁子湖 30% 以上的上游来水,这些来水通过高桥河汇入梁子湖。资料显示,咸安的

---

① 吕忠梅,等.农村面源污染控制的体制机制创新研究:对四湖流域的法社会学调查报告[J].中国政法大学学报,2011(5):59-77.

麻加工产业曾经每年排放废水 300 多万吨,废水未经任何处理就直接排放到高桥河里,其中 pH 值、化学需氧量、悬浮物等指标超过国家标准上百倍,对下游的梁子湖水域构成了严重威胁。近年来,在湖北省委、省政府的统一领导下,确定了梁子湖"保护第一,合理利用"的方针,对流域内的小造纸、小酿造、小化工、小纺织等污染严重的企业进行了关停和取缔。可以说,梁子湖的点源污染全流域治理取得了初步成果。面源污染的全流域治理也存在类似的问题。据梁子湖区领导介绍,环梁子湖有 18 个街乡镇,共计 337 个入湖口。"点多、面广、分散、处理难"的面源污染更需要在省政府的协调下,武汉和鄂州的沿湖区域共同努力,协同治理。推进面源污染全流域协同治理的重要举措是立法治理。目前,《湖北省梁子湖保护条例》正处于立法进程之中,期望该条例能为梁子湖的污染治理包括点源污染和面源污染治理提供一个跨流域、跨部门和跨政府层级的协同治理框架。其他的重要湖泊,也都涉及协同治理问题,应仿效梁子湖实行立法保护、因地制宜、一湖一法。

对策建议

湖北湖泊保护实践

我国地域辽阔,地跨多个气候区或气候带,造就了各种各样的湖泊类型,是世界上湖泊类型最多的国家之一。湖北省又素有"千湖之省"的美誉,其湖泊特点及类型极具多样性。2012年,湖北省出台《湖北省湖泊管理条例》,为湖泊流域的综合保护与系统治理建立了完善的体制机制,基本确立了湖北流域湖泊保护的模式,绘就了湖北湖泊流域综合治理的宏伟蓝图。近年来,湖北省大力推进湖泊管理改革创新,在大湖流域治理,河湖长制探索及湖泊保护工程建设方面都取得了显著成绩,总结了大量实践经验。

关于全面推行河湖长制的思考

杨振华*

湖北水网密布,河湖众多,水资源禀赋得天独厚。长度 5 公里以上的河流 4230 条,总长约 6.1 万公里,其中流域面积 50 平方公里以上的河流 1232 条,总长约 4 万公里;列入省政府保护名录的湖泊 755 个。这是祖祖辈辈留给我们的宝贵财富,也是子子孙孙赖以生存发展的珍贵资源。全面推行河湖长制,保护好江河湖泊,是历史和时代赋予我们的职责和使命。

一、认识全面推行河湖长制的重大意义

第一,全面推行河湖长制是落实习总书记系列重要讲话精神,推进生态文明建设的必然要求。2013 年 7 月,习近平总书记视察湖北时强调,决不能以牺牲环境为代价,换取一时经济增长;决不能以牺牲后代人的幸福为代价,换取当代人所谓的富足。2016 年在推动长江经济带发展座谈会上,习近平总书记再次强调要走生态优先、绿色发展之路,把修复长江生态环境摆在压倒性位置,共抓大保护、不搞大开发。湖北既是国家两型社会建设改革试验区,又是长江径流里程最长的省份,三峡工程坝区和南水北调中线工程核心水源区,生态环境保护责任重大。省委、省政府贯彻落实总书记的讲话精神和绿色发展理念,先后制定了《关于加快推进生态文明建设的实施意见》《关于全面推行河湖长制的实施意见》《长江经济带生态保护和绿色发展总体规划》,把推行河湖长制摆在重要位置,纳入生态文明建设的重要内容,作为加快转变发展方式的重要抓手,具有十分重要的战略地位。

第二,全面推行河湖长制是解决复杂水问题、维护河湖健康生命的有效举措。湖北地处长江中游、汉水下游、淮河上游、洞庭湖以北,是古云梦泽所在地。特殊区位决定了水问题的复杂性、多样性和解决好水问题的重要性、艰巨性。近年来,各地采取积极措施,治理江河湖库,规范岸线管理,整治砂场码头,开展湖泊拆围,创新管护体制机制,试点河长制、湖长制,收到了一定成效。但河湖管理保护仍然面临严峻挑战,水资源短缺、水生态破坏、水环境污染等问题仍十分突出。个别河流开发利用已接近甚至超出水环境承载能力,导

---

* 作者简介:杨振华,湖北省政府办公厅主任科员。

致河道干涸、湖泊萎缩，生态功能明显下降；少数地区废污水排放量居高不下，超出水功能区纳污能力，水环境状况堪忧；侵占河道、围垦湖泊、超标排污、非法采砂等现象时有发生，严重影响防洪、供水、航运、生态等功能发挥。解决这些问题，必须要有新思路、新举措、新作为，必须全面推行河湖长制，实行党政主导、党政同责，强化政府这只手，发力做好河湖管理与保护工作。

第三，全面推行河湖长制是完善水治理体系、保障国家水安全的制度创新。"河川之危、水源之危是生存环境之危、民族存续之危。"习近平总书记要求从全面建成小康社会、实现中华民族永续发展的战略高度，重视解决好水安全问题。河湖管理是水治理体系的重要组成部分。近年来，全省对河湖管理工作进行了有益探索。在省级层面，省委、省政府为切实抓好此项工作，做了三个方面的制度创新：一是在范围上，中央提出"河长"，湖北结合实际，提出"河湖长"，有的地方甚至延伸为"河湖库塘长"，与中央要求实现了有效对接。二是在时间上，中央要求2018年全面建成，湖北自加压力，提前至2017年。三是在责任上，所有省委常委、副省长均担任河湖长，高位推进，实现全覆盖。同时，武汉市在全国率先试行湖长制，在环梁子湖地区开展河湖管护体制机制创新试点，在潜江市、仙桃市、宜昌市等地开展省级河长制试点，形成了许多可复制、可推广的成功经验。实践证明，维护河湖生命健康、保障国家水安全，需要大力推行河湖长制，积极发挥各级党委政府的主体作用，明确责任分工、强化统筹协调，形成人与自然和谐发展的河湖生态新格局。

二、明确全面推行河湖长制的工作目标和主要任务

中央办公厅、国务院办公厅下发《关于全面推行河长制的意见》，标志着河长制上升为国家行动，是一项重大制度安排。在湖北全面推行河长制，创造性地实行湖长制，必须进一步明确工作目标和主要任务。

（一）要坚持六大基本原则

一是坚持生态优先、绿色发展。这是河湖长制工作的出发点，核心是把尊重自然、顺应自然、保护自然的理念贯穿到河湖管理保护与开发利用全过程，促进河湖休养生息、维护河湖生态功能。二是坚持党政主导、分级负责。这是河湖长制工作的立足点，核心是建立健全党政主导、党政同责的责任体系，形成一级抓一级、层层抓落实的工作格局。三是坚持问题导向、因地制宜。这是河湖长制工作的主攻点，核心是从不同地区、不同河湖实际出发，统筹上下游、左右岸，实行一河一档、一河一策，解决好河湖管理保护的突出问题。四是坚持属地为主、适当补助。这是河湖长制工作的保障点，核心是强化地方责任，加大财政投入，整合部门资金，全力支持河湖长制工作。五是坚持依法管理、严格执法。这是河湖长制工作的支撑点，核心是用法治思维和法治方式引领规范河湖管理各项工作，建立健全河湖管理与执法机制，提升河湖管理执法水平。六是坚持强化监督、严格考核。这是河湖长制工作的着力点，核心是建立健全河湖管理保护的监督考核和责任追究制度，拓展公众参与渠道，让人民群众不断感受到河湖生态环境的改善。

（二）要明确两项工作目标

一是明确全面建立河湖长制在时间上的总目标。省委、省政府将全面建立河湖长制的时间表确定在 2017 年底。这是向党中央、国务院做出的庄严承诺，也是向全省 6000 多万人民的庄严承诺，必须不折不扣地按时间按要求落实到位。二是明确河湖保护工作上的目标。要通过持之以恒的工作、毫不懈怠的作风、扎实有效的努力，解决当前河湖治理存在的突出问题，在 3～5 年内明显改善河湖水环境。

（三）要锁定九大保护任务

水资源管理、水污染防治、水环境治理、水生态修复、水域岸线管理和执法监管，是中央确定的推行河长制的六大核心任务、规定动作、首选项目，必须细化工作方案，制定年度计划，落实综合整治和保护措施，坚定不移地按要求完成。省委、省政府还从全省河湖管理的实际、补齐河湖管理短板的要求、建立河湖管护长效机制的角度出发，增加了统筹河湖管护规划、实行河湖分级管理和落实河湖管护责任主体及机构三大任务，也要抓紧抓实抓到位，为规范河湖管理打下坚实基础。

三、落实全面推行河湖长制的具体措施

全面推行河湖长制任务十分繁重，需要强有力的措施加以推进。

（一）党政主导、高位推进

各级党委、政府的主要负责同志应高度重视河湖长制工作，切实履行河湖长的职责。各级河湖长要迅速上岗履职，巡河巡湖，协调解决河湖保护中的有关问题，做到守土有责、守土尽责、守土担责。

（二）部门联动、凝聚合力

全面推行河湖长制是一项复杂的系统工程，涉及方方面面的工作，必须广泛汇聚社会各个方面的力量，共同推进河湖长制工作。各有关部门要按照职责分工，密切配合，协调联动，形成工作合力，水面、陆地一起抓，岸上岸下一起动，共同打好全面推行河湖长制的"组合拳"。

（三）编制方案、系统实施

抓紧编制市、县、乡级河湖长制实施方案，按照习近平总书记提出的"每条河流都要有河长"的要求，把河湖长制的范围覆盖所有河湖。省级层面重点抓流域面积 50 平方公里以上的河流和纳入省政府保护名录的湖泊；市、县层面要把范围覆盖到所有河湖。

（四）健全体系、完善制度

省市县乡四级河湖长要尽快按要求落实到位，并按中央统一要求，抓紧组建河湖长制

办公室和工作机构,制定和完善各项制度。包括联席会议制度、河湖长会议制度、督导检查制度、信息报送和共享制度、考核验收制度、奖惩制度等,把河湖长制的各项工作关进制度的笼子,用制度管人,用制度约束人,用制度衡量工作。

（五）依法管理、长效管理

把加大法治建设力度作为全面推行河湖长制的根本性制度措施,切实将涉河涉湖活动纳入法治化轨道。健全涉河法规体系建设、严禁涉河违法活动、强化日常巡查监管,尤其是加强水域和岸线保护、河湖采砂管理、建立水域占用补偿和岸线有偿使用等制度,构建河湖管护长效机制。

坚持生态优先 严格湖泊保护

崔慧荣[*]

一、引　　言

党的十八大把生态文明建设纳入中国特色社会主义事业"五位一体"总体布局,放在突出地位,融入经济建设、政治建设、文化建设、社会建设各方面和全过程,明确提出大力推进生态文明建设,努力建设美丽中国,实现中华民族的永续发展。推进生态文明建设,要树立尊重自然、顺应自然、保护自然的生态文明理念,坚持节约优先、保护优先、自然恢复为主的方针。

武汉市江河纵横,湖泊遍布,渠道交错,库塘众多,拥有内陆水域的各种类型。166个湖泊星罗棋布,享有"百湖之市"的美誉,是武汉最具特色的自然资源。湖泊作为大自然赋予我们最宝贵的天然载体,是城市内陆水域生态系统的主体和重要资源,是我们生存发展的重要生态保障,在武汉市生态文明建设中有着重要作用。

水优势是武汉决胜未来的核心竞争力。武汉市委、市政府积极贯彻落实中央关于生态文明系列重大决策部署,紧扣绿色发展理念,在长江经济带建设"不搞大开发,共抓大保护"的共识下,坚决把修复长江生态环境摆在压倒性位置,坚持将打造国内外知名的滨水生态绿城作为重要发展战略,把"四水共治"和水生态环境的保护作为武汉的生命线工程,全面强化湖泊保护治理工作,全力彰显滨湖生态特色,呈现出湖泊形态完整、水质持续提升、管理规范有序的向好发展态势。

二、武汉湖泊概况

武汉全市水域面积2117平方公里,约为土地面积的四分之一,其中列入《武汉市湖泊保护条例》附录的湖泊有166个,湖泊总面积约867平方公里,湖泊水域线总长度约2945公里,总容积约19.53亿立方米,湖泊总面积约占全市土地面积的10.2%,占全市水域面

---

* 作者简介:崔慧荣,武汉市湖泊管理局副主任科员。

积的 41%，高于全省、全国水平，居全国各大省会城市首位。

武汉 166 个湖泊中，30 平方公里以上的有 9 个，面积约 547.2 平方公里（分别为梁子湖、东湖、牛山湖、斧头湖、汤逊湖、鲁湖、后官湖、涨渡湖、武湖），个数占比 5.4%，面积占比 63.1%；10~30 平方公里的有 8 个，面积约 114.5 平方公里，个数占比 4.8%，面积占比 13.2%；1~10 平方公里的有 51 个，面积约 172.2 平方公里，个数占比 30.7%，面积占比 19.9%；1 平方公里以下的有 98 个，面积约 32.7 平方公里，个数占比 59.0%，面积占比 3.8%。

从湖泊所属水系的位置来看，武汉市湖泊划分为三块。长江以南，分布有东湖、沙湖（分为外沙湖和内沙湖）、严西湖、严东湖、北湖、竹子湖、清潭湖、杨春湖、南湖、野芷湖、野湖、豹澥湖、梁子湖、斧头湖、牛山湖等湖泊。长江以北、汉水以西，分布有月湖、墨水湖、龙阳湖、南太子湖、三角湖、王家涉、小奓湖、官莲湖、张家大湖、沉湖、西湖等湖泊。长江以北、汉水以东，分布有东大湖、张毕湖、竹叶海、杜公湖、武湖、涨渡湖、安仁湖、盘龙湖等。

从湖泊成因上看，武汉市湖泊可划分为河谷沉溺湖、壅塞湖、河间洼地湖、河流遗迹湖四类。其中，武昌区、洪山区、青山区、江夏区、新洲区、武汉化学工业区、东湖新技术开发区、东湖生态旅游风景区的湖泊多以河间沉溺湖、壅塞湖为主；江岸区、江汉区、硚口区、汉阳区、东西湖区、蔡甸区、汉南区、黄陂区、武汉经济开发区湖泊多以河间洼地湖、河流遗迹湖为主。

（一）主要做法

1) 坚持生态优先，抓好理念转型。保护湖泊生态资源，首要在认识。在水资源的保护上，武汉市有过沉痛的教训。近年来，国家大力倡导生态保护、经济转型，将生态文明列入"五位一体"的战略布局，提出了"创新、协调、绿色、开放、共享"五大发展理念，要求"不搞大开发，共抓大保护""努力把城市建设成为人与人、人与自然和谐共处的美丽家园"。面对新的发展机遇和要求，武汉市对"不做什么、留下什么、保护什么"进行深刻的反思。

围绕如何让"水更安、水更畅、水更净、水更优"下功夫，牢固树立"生态优先、绿色发展"理念，加强保障水安全、利用水空间、提升水功能、强化水管理、弘扬水文明、展现水魅力，精心打造江湖相济、湖网相连、人水相依的魅力画卷。在理念上主要呈现三大转变：一是在思想意识上，从环湖过度开发向主动保护湖泊转变；二是在管理体制上，从水务部门单一管理向全市各部门联动、力量下沉转变；三是在工作重点上，从形态保护、打击填湖行为逐渐向生态保护、提升湖泊水质转变。

2) 坚持空间管控，抓好规划先行。湖泊是生态文明建设的空间载体，加强湖泊保护，规划是坚持空间管控的前提，按照资源环境相均衡、经济社会生态效益相统一的原则，统筹区域经济分布、土地利用、生态环境保护，科学布局生产空间、生活空间、生态空间。武汉市结合湖泊保护管理体制、管理现状，在全国首创湖泊"三线一路"保护规划，"三线"即，湖泊的水域"蓝线"、环湖绿化"绿线"、建筑控制"灰线"，"一路"即环湖道路体系，分环湖车行道和环湖步行道。

"三线一路"保护规划的制定，为武汉进一步加强湖泊管理，指导环湖空间科学利用、处理违法填湖案件提供了法定依据。武汉审批占湖项目时，占湖面积、还补面积的确定，都依据"蓝线"的基础数据,从量化指标上确保了湖泊面积、容积的不减少。"三线一路"规划的制定,将湖泊资源保护、生态绿化修复、公共滨水空间利用融合一体,为"还湖于民"打下了坚实基础,为全市预留水域及绿地生态养育空间1589平方公里,给自然留下了更多修复空间,为子孙后代留下可持续发展的"绿色银行"。

3)坚持立足长效,抓好制度建设。习近平总书记指出:"只有实行最严格的制度、最严密的法治,才能为生态文明建设提供可靠保障。"武汉是湖泊保护地方法规出台最早的城市,2002年颁布全国首部湖泊保护地方性法规《武汉市湖泊保护条例》后,又配套出台了《武汉市湖泊保护条例实施细则》《武汉市湖泊整治管理办法》;2013年9月,市政府办公厅转发了《市水务局关于完善湖泊保护管理责任制实施意见》;2015年,新修订的《武汉市湖泊保护条例》颁布实施;基本形成了满足武汉湖泊保护需要的法规保障体系。

实现长效管理是目标,强化责任落实是关键。武汉率先推出了"湖长制",将湖泊保护责任下沉到全市涉湖的93个街乡镇,确保了湖泊保护责任落地。强化考核"指挥棒"作用,将湖泊保护列入市对区的绩效目标,实行"一票否决"。联合纪委监察部门专门出台《武汉市涉湖违法案件移送暂行规定》,水行政主管部门在立案查处涉湖违法行为的同时,将案件向行政监察机关移送,不但依法依规处理事,还按党纪政纪处理人,严格追责、一查到底。制度的"三驾马车"有效地引导、规范湖泊管理与执法,全市大规模违法填湖得到了有效遏制。

4)坚持严格执法,抓好形态保护。在近几年的实践中发现,违法填湖成本过低、执法手段偏软,是导致填湖行为屡禁不止的重要原因。必须以铁的手腕、重拳打击,严惩违法填湖行为。武汉对违法填湖行为实行"零容忍","露头就打"、绝不姑息,2013年某开发项目填湖建房,按照《湖北省湖泊保护条例》,相关部门对其处以50万元的上限处罚。

始终坚持铁腕护湖,严守底线。首先是加强巡查控管,市区季度大巡查与区街日常巡查相结合,所有湖泊季度巡查与"热点"湖泊重点督查相结合,责任下沉到沿湖村、社区,守好第一道防线,做到"发现在初始,解决在萌芽",保持高压态势。二是使用卫星遥感技术,对比湖泊蓝线与近年来遥感卫星照片,以"控增量、减存量"为目标,实施卫片执法。

以环湖路的形式,永久锁定岸线,全市已形成环湖路300余公里;将逐步为每个湖泊修建环湖路"严守"湖岸边界,让每个市民能够亲近湖泊,将所有填湖行为挡在环湖路之外。如蔡甸区后官湖110公里的绿道,环知音湖、白莲湖、高湖等子湖依湖而建,具备湖泊保护、生态修复、休闲游憩和旅游经济四大功能,既保护湖泊生态,又实现还湖于民。

5)坚持系统治理,抓好湖泊整治。湖泊截污实现突破。自2012年9月市人民政府印发《武汉市主城区污水全收集全处理五年行动计划》以来,围绕"一张干网全覆盖、两江水源得保护、三镇湖泊不纳污"的总体目标,市人民政府加大投资力度,依托完善收集管网和实施污水处理厂扩建工程,着力推进主城区重点湖泊截污工作,一批重要湖泊截污实现历史性突破,东湖、南湖、墨水湖、汤逊湖等重要湖泊主要排污口实现截污,2012年以来中心城区湖泊截流入湖污水累计达到34.5万吨/日。

湖泊生态全面修复。2013年至今,有10多个大小型湖泊先后启动治理。其中,重点湖泊由武汉市水投资有限公司负责整治,武汉市湖泊管理局给予支持,先后开展了南湖、墨水湖、龙阳湖综合整治及菱角湖清淤工程,清除湖泊淤泥近 140 万方。各区政府是辖区内湖泊整治主体,积极主动作为,将湖泊治理列入了区级城建计划。在武汉市湖泊管理局指导下,江岸区开展鲩子湖综合治理,解决污水管网渗漏,栽植水生植物改善湖泊自净能力;硚口区建设竹叶海湿地生态公园;武昌区启动内沙湖生态修复;江夏区实施金口四湖综合整治。经过几年的治理,湖泊湖面恢复,水质提升,湖景初现,治理成效初显。

生态水网加快构建。按照"江湖相济、引江入湖"的思路,启动了大东湖、汉阳六湖、金银湖水系等城市生态水网构建项目。总投资 158 亿元的大东湖生态水网构建工程获水利部批复,首个水网连通项目东湖、沙湖连通渠建成,两湖连通,水系盘活,取得了巨大的经济、社会、生态效益;东西湖区投资 5043 万元的金银湖水系连通工程 2015 年 9 月已完工,市民可一舟游览金银湖水系 7 个湖泊,感受独特滨湖魅力。

6) 坚持先行先试,抓好探索创新。秉承"敢为人先、追求卓越"的武汉城市精神,在湖泊管理中,努力开拓、积极尝试创新的举措:国内首创"互联网＋"湖泊,建成智慧湖泊综合管理系统并运行,实现湖泊一张图管理;编制"智慧湖泊 APP"并向公众投放运行,"武汉湖泊"微信公众号上线运行,极大提高了湖泊保护工作的透明度、参与度和互动性。运用科技手段实施湖泊卫片核查,将蓝线与遥感地理信息叠加,全面掌握湖泊现状与演变情况。使用无人机、设立实时视频监控点加强重点、敏感水域监控,强化湖泊保护的科技支撑。

三、结　　语

大自然是一个相互依存、相互影响的系统。山水林田湖是一个生态共同体,人的命脉在田,田的命脉在水,水的命脉在山,山的命脉在土,土的命脉在树。我们深知,湖泊保护与管理,离不开全行业、全领域、全社会的共同努力与协作,这是一场涉及生产方式、生活方式、思维方式和价值观念的革命性变革。为此,武汉正在举全市之力,大力推进湖泊保护、管理与治理,全面推行完善"湖长制",不断建立健全湖泊管理制度、占湖审批制度;不断完善湖泊保护与管理责任体系、考核评价体系、责任追究体系;不断推进水网构建、截污治污与生态修复;深入推进退田还湖、退垸还湖、退渔还湖,逐步还湖于民、还湖于自然。我们将坚定不移地走城市生态化发展道路,坚定不移地构建生态文明城市,把武汉建设得"现代化、国际化、生态化",使武汉成为"美丽中国"典范城市、国际知名宜居城市。

武昌区湖泊保护实践

康玉辉*

武昌区辖区内有东湖、水果湖、四美塘、晒湖、紫阳湖、外沙湖、内沙湖、都司湖 8 个湖泊,其中东湖现已划归东湖风景区管理,外沙湖、水果湖由武昌区、东湖风景区共同维护管理,都司湖没有纳入《湖北省湖泊保护名录》,属区管湖泊。

武昌区多年来一直重视湖泊的保护工作,为了探索城市湖泊治理的有效方法,给武昌区湖泊治理积累经验,2013 年初,武昌区联合省水科院在内沙湖进行了湖泊生态修复的工程示范。

内沙湖是武汉市武昌中心城区的一个小型浅水湖泊,因粤汉铁路(今武大铁路)的修建由沙湖分离而成。湖泊面积 0.0579 平方千米,岸线总长 1.18 千米,汇水面积 4.42 平方千米,规划正常水位 19.15 米,最高控制水位 19.65 米,分大小两个湖区。主要靠降雨补给,治理前湖泊生态系统严重退化,常年水质为 V 类,呈黄浊态,透明度不到 30 厘米,远远不能满足该湖功能区划的要求。

在调研分析内沙湖所存在的湖泊生态系统退化、结构不合理等导致浮游植物密度高、透明度低的机制的基础上,项目组通过调整和优化内沙湖生态系统结构,实施包括水位调控工程、水体透明度改善工程、湖泊底质改善工程、沉积物—水层营养盐交换控制工程、健康食物网构建工程、水生植被和底栖动物群落恢复工程和清水态生态系统优化与稳定工程等综合工程措施,并结合城市湖泊的景观需求,修复内沙湖生态系统。

示范工程工期为 3 年:第一年为生态重建期,实现水质的初步达标;第二年为稳态调控期,通过调整生态系统的结构,提高生态系统的稳定性,实现水质的稳定达标;第三年为景观打造期,通过对水生植物的调控和微景观的设计,提升湖泊景观效果。最终实现“水清、岸绿、景美”和“人水和谐”的自然景观。主要工程措施:外源截污、底质改善、湖泊水位和水体透明度调控、鱼类群落调控、底栖动物群落调控、沉水植物群落恢复与调控等。

该技术体系的核心理念是生态系统的思想,湖泊的生态修复应该是人工辅助条件下湖泊生态系统的自我恢复,生态系统的问题要靠生态系统自身去解决,人工辅助只是加速了这一过程。在这一技术体系中,全面截污是前提,现状调查是基础,人工辅助下生态系

---

* 作者简介:康玉辉,湖北省水利水电科学研究院工程师。

统结构和功能的自我重建是核心，水生植被恢复是重点，持续的生态监测和完善的后期维护可能是生态系统"长治久安"必不可少的保障。这一技术体系特别注重湖泊底泥的处理、水生植物的种植与后期管理及定期的水质监测。

污染底泥的持续性污染物释放是湖泊内源污染的主要来源，如果不加以妥善处理，内源污染问题将长期影响内沙湖的水质。为了实现内沙湖水质的长期稳定达标，必须对入湖的污染物进行科学处理。通过喷洒微生物菌剂，消解污染底泥，把氮转化为氮气后直接返回大气，底泥中的磷将被转移到微生物或者水生植物体内，再被浮游动物、鱼类等利用，最后通过水草的打捞和鱼类的捕捞而移出水体。

水生植物（特别是沉水植物）在湖泊生态系统中具有重要意义，其对抑制湖泊沉积物再悬浮、降低水体营养盐浓度、改善湖泊水质和景观效果意义重大，是维持湖泊清水态的主要生态因素。湖泊生态修复初期，通过黑藻、狐尾藻等先锋植物的快速生长，可以迅速改善水质。但是，黑藻、狐尾藻等先锋植物在夏季高温季节容易过度生长，甚至覆盖整个水面，严重影响湖泊景观效果。同时，这些露出水面的水草在高温炙烤下很快脱水死亡、腐烂，进一步威胁湖泊水质乃至整个湖泊生态系统的健康。因此，湖泊生态修复后期，特别是湖泊水质得到有效改善后，一个重要的工作就是进行水生植物（主要指沉水植物）群落的人工辅助演替：拔除大部分的黑藻和狐尾藻等影响湖泊景观效果的先锋植物，替之以密齿苦草、微齿眼子菜等可常年存活又不会长出水面的品种，以有效提升湖泊的景观效果和生态系统稳定性，从而打造"长治久安"的人水和谐的湖泊生态景观。

内沙湖示范工程于 2013 年 3 月 8 日启动，当年 6 月，湖泊水质由《地表水环境质量标准》(GB 3838—2002) Ⅴ 类提升到 Ⅳ 类，部分湖区出现 Ⅲ 类水质，再现了内沙湖的"清水态"。2014~2015 年，内沙湖生态系统的重建完成，水质和景观效果得到有效提升，整个湖泊清澈见底，水下"森林"密布，浮游植物丰度大幅降低，生态系统的生物多样性明显增加，生态系统结构逐步完善。2015 年以来，内沙湖稳定保持在地表水 Ⅲ 类标准，一个健康、稳定又兼具景观效果的内沙湖呈现在市民面前。国内同行纷至沓来，到内沙湖"取经"；过去因湖水黑臭搬走的居民纷纷搬回；项目组多次受邀在国内外大型会议上介绍"内沙湖模式"；全国多个省市邀请项目组参与地方湖泊治理。项目取得了巨大的经济效益、生态效益和社会效益。

项目成果得到了各级领导的肯定，湖北省政府、武汉市水务局、武汉市湖泊局有关领导先后赴内沙湖生态修复科研项目现场指导工作并给予充分肯定，并建议项目组尽快总结内沙湖科研成果，为湖北的湖泊生态修复提供技术支持和工程示范，并在全省进行推广应用。

内沙湖示范工程成功的原因在于：通过生态调查，全面深入了解内沙湖湖泊生态系统，找到"外源污染入湖导致生态系统结构不合理"这一"病因"，工程方案具有针对性。同时，技术团队实践经验，能够及时采取适当措施应对水位急剧变化和无序放生等突发情况，最主要的是，技术团队具有开展湖泊生态调查的专业人员和分析检测设施，可及时掌握湖泊生态系统现状，为科学管护提供长期科学依据，确保内沙湖生态系统长期保持健康稳定。

梁子湖区湖泊保护执法效果的调查与分析[*]

王海霞[**]

一、研究背景与意义

自十八大以来,依法治国的理念深入人心,各行各业都在开展法制教育,政府部门更是强调严格执法。在湖北这样一个湖泊大省,水资源保护一直是政府执法的一个重点和难点。因为它不仅关系到湖区居民的用水问题和生活质量,还关系到当地的生态环境。2016年7月的暴雨灾害,使湖北多地面临"看海"窘境,在追问城市管网建设问题的同时,湖泊面积缩小、水资源污染严重等问题也进入一些有识之士的关注视野。由此,水资源执法问题被提上议事日程,甚至引发社会各界的热议。

水资源短缺已经成为我国这个人口大国面临的一个重大问题,水质的好坏关乎一方居民的生活质量和幸福感,也被视为当地的发展命脉,怎样才能保证湖泊和江河的水质呢?长远来说要靠社会治理的效果和国民素质的提高,就目前而言,只能靠地方相关政府对水资源的执法效果。2014年湖北出台被称为"史上最严水法"的《湖北省水污染防治条例》,实施几年来,水资源保护有何难度,执法效果如何,水质是否有所改善呢?2016年8月,我们前往鄂州市梁子湖区太和镇一探究竟。

为期5天的调查中,我们运用社会学的研究方法,进行了问卷调查和访谈,发放问卷144份,其中有效问卷134份,占比在90%以上;对梁子湖沿湖居民(不同收入层次)及水务执法干部共51人,逐一进行了深度访谈,希望以鄂州市梁子湖区太和镇的水资源执法效果为例,倾听各方声音,了解梁子湖的现状、沿湖居民的水资源保护意识,尤其是在水资源执法中存在的问题,借鉴国内外的相关研究成果,提出相应的对策建议。

---

[*] 原稿曾获得湖北经济学院暑期社会实践"优秀科研成果学术论文类"三等奖,也曾发表于2017年1月上期的《经营管理者》。本文经作者大幅度修改完善。

[**] 作者简介:王海霞,湖北经济学院法学院副教授,湖北水事研究中心研究员。

二、国内外文献回顾及研究思路

从中央部门机构设置上看，国际上水治理体制模式可以分为三类：第一类是统一管理，即专设水管理部门开展水治理，其他部门配合，如埃及、土耳其和荷兰等；第二类是统一管理与专业管理相结合，即成立最高层次的国家水委员会统一对水治理工作进行决策部署，各相关部门负责执行，如印度、巴西、澳大利亚、法国等；第三类是分散管理，既没有设立水管理部门，也没有成立国家水委员会，如美国、加拿大、俄罗斯、墨西哥等[①]。

李雪松在借鉴国际经验的基础上，对我国目前管理机制存在的问题分析得比较透彻，他认为，目前中国的资源管理机制主要存在以下问题：流域水资源管理机构缺乏权力，法律地位不明确、地方保护主义影响水资源统一管理、水资源管理机构职能单一，缺少管理协调性与建设实体性的职能、水资源信息采集难度大、水资源规划监督无力[②]。这些问题在现在看来有一些已经有所改善，如水资源监督因为近年来政府加强水资源管理而力度加大，但像水资源信息采集难度大这类问题还是存在，该论文并没有针对性地就这类问题提出解决措施。李燕玲对于水资源保护的法律十分熟稔，从水权、水法等法理层面，对《水法》提出了一些具体的修改意见[③]。宋洁则从立法、执法和司法等层面，解释了水资源管理中出现的问题，提出相应的对策建议[④]。张雅墨在水资源执法的研究中，立足国情，针对我国目前主要存在资金短缺、技术落后、水资源保护意识淡薄等问题，分析了水资源的所有权制度、水资源权利流转机制等具体的法律制度，论述其对我国水资源保护工作具有的指导和实践意义[⑤]。

三、研究点概况及进步

（一）研究点概况

太和镇位于鄂州市南部，以丘陵地形为主，海拔在 200 米左右。境内西边是湖北省最大的天然淡水湖泊——梁子湖。太和镇人口 10 万余人，面积 84 平方千米，辖 1 个居委会、23 个村委会。梁子湖区人民政府就驻在太和镇太和街，可以说太和镇是梁子湖区的政治、经济和文化中心。当地经济以农业为主，工业不发达。

考虑到调查点的代表性，我们选取了三个村作为调查点：夏咀村、马龙村、磨刀矶村。三个调查点的概况如表 1 所示。

① "完善水治理体制研究"课题组.国外水治理体制及经验借鉴[J].水利发展研究,2015,15(8):19-22.
② 李雪松.中国水资源制度研究[D].武汉:武汉大学,2005:4.
③ 李燕玲.我国流域水资源的法律问题[D].福州:福州大学,2004:6.
④ 宋洁.水资源管理的法制问题研究[D].泰安:山东农业大学,2008:4.
⑤ 张雅墨.水资源所有权制度研究[J].法制与社会,2011(9):32-34.

表 1　三个调查点的概况

地点	概况
夏咀村	沼山镇夏咀村坐落在梁子湖畔,全村现有人口 2150 人,10 个村民小组,4 个自然湾。耕地面积 850 亩,是一个以养殖为主、种植为辅的渔村
马龙村	毗邻马龙水库,现有面积 5.6 平方千米,耕地面积 2860 亩,辖 10 个自然湾,12 个村民小组,486 户,总人口 2158 人。村民主要以农业、外出打工为生
磨刀矶村	位于梁子湖东岸,村中心是梁子湖生态旅游区重点码头之一的磨刀矶码头。全村共 8 个村民小组,7 个自然湾

(二) 水资源执法现状

本次调查共发放 144 份问卷,有效问卷 134 份,有效率为 93.1%。我们选取了几对变量进行分析,得出以下结论。

首先,看 8 种不同的职业对"湖泊保护政策与措施"的了解程度。表示"了解一点"和"非常了解"的调查者占样本总数的 36.5%;单看"农民/渔民"对于湖泊保护政策"了解一点"和"非常了解"的占比为 37.3%。令人关注的是,100% 的"村委会干部"和"公务员"对湖泊保护政策"了解一点"。

图 1 显示,约有 38% 的村民对湖泊保护政策"了解一点"和"非常了解",62% 的被调查者对湖泊保护条例及相关政策措施"不了解"和"说不清楚",反映了当地政府在宣传水资源保护这一块仍需要投入精力,水资源执法的效果体现不仅是政府相关部门的责任,也离不开民众的支持及参与。

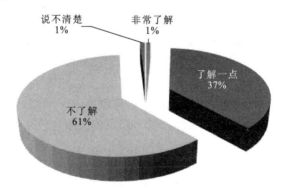

图 1　湖泊保护政策了解程度饼状图

其次,看调查对象对"执法效果"的评价。认为"片面注重经济,忽视了环保工作"和"政府重视不够,投入不足"的占比为 34%,认为"非常有成效"的占比 0.07%。单看"农民/渔民"对于水执法效果持"忽视环保工作"和"重视不够,投入不足"态度的占比 37.3%。

如图 2 所示,约有 42% 的被调查者认为,政府在水资源执法方面有一定成效,对水资源执法效果给予了肯定,另有 22% 的人认为,政府"虽尽努力,但效果不佳",28% 的人认为,政府"重视不够,投入不足"。这些数据说明,当地政府在水资源执法上投入了一定的精力,得到了大多数沿湖居民的认可。

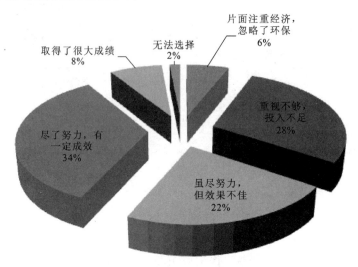

图 2　执法效果回答饼状图

虽然有 64% 的人认为政府在水资源保护上是尽了力,可是细问起来却说不上什么。为此,我们访问了水务局的领导和一般干部。

(三) 水资源执法的举措与成果

由于梁子湖流域属于大流域,除了鄂州市,武汉市的江夏区也属于该流域。且水资源的治理需要各部门联合执法。

1) 鄂州市梁子湖区自 2014 年以来对环境治理已取得初步成效。政府通过向居民分发垃圾桶,解决了生活垃圾随处乱扔的问题。每个村庄和居民点有专人负责公共区域的卫生打扫,专门设立垃圾站,每日有垃圾车集中清运。居住环境较过去大有改善。

2) 以水务局牵头,多部门联合执法,直接关停了当地的各类大小工厂,梁子湖的水质得到一定的改善。但不少调查者推测,之所以水质改善效果不理想,是因为在梁子湖对面的武汉市江夏区有不少污染企业,还在向湖里排放三废。

3) 当地的拆围工作于 2014 年完成,围湖问题基本解决,余下的"围湖钉子户"都一一协商了拆围期限。

4) 把当地的水资源治理效果与官员的政绩挂钩,充分体现了新时代要求下的"既要金山银山,又要绿水青山"的环保型执政理念。

以上举措和成果,到底效果怎样,沿湖居民的满意度怎么样呢?问卷最后一题请被调查者在 1～10 分打分,52% 以上的人都给了 8 分以上。这足以说明,当地政府的努力付出,沿湖居民是看在眼里、记在心上的。

目前,在水环境执法中有哪些难点和困境,为什么会这样呢?

四、水资源执法中面临的困境

通过对不同职业行业的51人进行深度访谈,了解到梁子湖区水务部门在执法过程中存在很多意想不到的困难。

1. 执法管理体制不顺

案例1

当地水务局的贺局长告诉大家,梁子湖主要由五大部门主管,包括水务局、环保局、交通局、农林局和梁子湖管理局。但是夏咀村的金某说"政府哪些部门管这个梁子湖我们不清楚,只知道梁子湖管理局有时候会过来突击检查。"

从案例1可知,当地水务局与梁子湖管理局的职能界限不清,村民们只知道梁子湖管理局有执法权。但是江河湖库的保护涉及很多方面的问题,例如湖岸线保护、湖泊调度、设置排污口、鱼苗和拆围、排污检测、航运、污水处理、水产资源等,主要由水务、农业、环保、交通、住建、管理局等执法单位共同负责。所以会面临多头管理、工作重复、沟通不畅、互相推卸责任等问题,这无疑增大了执法难度,没有单位去组织落实水环境保护的宣传工作,更不用说开展相关活动了。仅仅是太和镇联合执法都难以推行,更不用说与一湖之隔的其他地区联合执法了。

案例2

当地水务部门的吴某说:"梁子湖这么大一块,我们太和镇的水管得不错,但是上游有污染过来我们也没办法,梁子湖又有专门的部门管理。这个水资源的执法就不能分开搞,但是你说跟别的地区的部门沟通吧,又没什么实际性的效果。老百姓看你把水管好了那当然开心,要是没有管好又觉得是我们的错,可是这个污染啊,它是多方面的,这个执法啊,也需要多方面、多部门一起来才行。"

从案例2可知,水资源执法需要联合多个部门,比如水务部门、航运部门、环保部门等,梁子湖流域较为特殊,跨经了多个地区,而跨区域的联合执法难度很大。对此沿湖居民不理解,将所有的责任指向执法人员。

2. 执法宣传不到位

案例3

夏咀村的夏某说:"政府宣传过,就是把相关文件贴在那个小卖部外面的黑板上面,字很小,看不清,也没有什么人去注意,除了这个就没其他宣传了。"马龙村的陈某也反映道:"政府有过宣传,就是拉着一个大喇叭车来村里跑一圈。但也就是只有这个了。"

从案例3可知，政府对居民有关保护湖泊的相关条例的宣传不够到位，即使有宣传也浮于表面。沿湖村委会只是发公告和文件，并未深入每家每户去宣传相关政策和法规，在不经意中，会错过一些惠民政策。例如夏咀村的退田还湖的补偿问题，政府虽然已经颁布了相关条例，但并没有在村里做过宣传，该政策也就迟迟没有落实到位。执法宣传走过场、不到位，执法时容易引起居民的反感。

3. 缺乏人文关怀

案例 4

暴雨灾害时，磨刀矶村的北面大路存在积水严重的问题，行人都无法通过。当地村民刘某说道："我们家这门前的大路都被淹了，后面种的田也被淹了，养的鱼被大水冲走，今年一点收成都没有。村里是说让上报有补贴，但是现在我们也没看到补贴。这门前的水都发臭了，也没人过问一句。"

案例 5

马龙村的陈某说："我们村子里的这个泄洪渠都没人管，很危险的，几米高的泄洪渠也没有栏杆，年年有人掉下去，这一掉下去就完蛋了。政府部门也没有过来修个防护栏。"

从案例4中可知，政府对灾民承诺的资金补贴，实际上只有受灾最严重的（泄洪放水的农户）拿到微薄的补偿，其余都没有兑现。有被调查者甚至推测，资金在下发的过程中，可能已被私吞。其实，沿湖居民最关心的，是能否得到政府的关怀。如案例5所示，马龙村的泄洪渠就是一大隐患，需要得到政府的高度重视，才能拨付资金加以修缮，以解当地居民的隐忧。

4. 村民配合度不足

案例 6

我们到当地进行调研时，一些村民并不愿意配合。马龙村的龙某表示："这个梁子湖又不是我们管的，你们问我们，跟我们说有什么用啊，直接去跟领导说才有用。我们小百姓管这些事情做什么，都是要顾着自己生计的。"夏咀村的村干部刘某说："上面的政策都是好的，没人管还不是没用？上面只是给我们布置任务，要动员村民干点什么太难了；不过要触动谁的利益，就有人跟你拼命。我们的工作也不好做啊！"

从案例6表明，沿湖居民认为，水资源的管理是政府的责任，表示只要是对老百姓好的政策，他们都支持。如果不是政府出面组织的水资源保护活动，他们都不会去参加。湖里有垃圾，有人排放污水影响到水质，他们顶多会发发牢骚，而不会去清理，习惯于一味地依靠政府、依靠村委会。沿湖居民的环保意识如此淡薄，与己无关就高高挂起，一旦触碰自身利益，又过度敏感。没有沿湖居民的大力配合，执法要想取得成效可谓困难重重。

五、对策建议

针对以上水资源执法中存在的问题,我们提出以下 4 条可行性对策建议:

1) 加大水资源保护的宣传力度。可以通过政府购买的方式,由一些致力于环保事业的社会组织走乡串户,对湖泊保护条例进行宣传,他们可以与村委会一起,把政府的惠民政策及要求等,向村民进行宣讲,通过及时沟通了解村民的期待,做好媒介宣传。只有村民理解了执法目的,才能给予相应的配合。同时,进行宣传要考虑到居民的文化水平,要通俗易懂,才能保证他们对湖泊保护条例及相关法律法规有一定的了解。

2) 对执法者既要加强监督,又要予以保护。在执法过程中力求做到公开、公平、公正,秉公办事,杜绝"关系户",减少不必要的纠纷,维护政府的公信力。同时,上一级政府要加快完善执法制度,保护执法者的正当权益,减少其后顾之忧,使他们敢于公平执法。

3) 联合执法,提高效率。要设法打破地区和部门的界限,最好做到勇于担当,联合执法。以便迅速解决问题,不留尾巴。

4) 从人文关怀的角度提高执法的效度。相关部门工作人员在执法之前,首先要了解沿湖居民的诉求和需要,站在对方视角进行宣传和沟通,让他们有心理准备并予以配合,降低执法的难度。

六、小　　结

此次在鄂州梁子湖区太和镇的调查,通过对问卷与访谈的分析,我们发现,62%的被访者对"湖泊保护政策与措施"一无所知,42%的被调查者认可当地水资源的执法效果,但是也存在四大问题:执法管理体制不顺、执法宣传不到位、缺乏人文关怀、村民配合度不高。在查阅了近年来关于水资源执法方面的文献后,我们对当地的水资源执法提出了 4 条对策建议:加大水资源保护的宣传力度;对执法者既要加强监督,又要予以保护;联合执法,提高效率;从人文关怀的角度提高执法的效度。

相信鄂州梁子湖区太和镇的水资源执法将日趋成熟,执法效果会日益凸显,让梁子湖周围的居民受益,还湖于民。

湖北水生态建设

　　习近平总书记强调,推动长江经济带发展必须坚持生态优先、绿色发展的战略定位,把修复长江生态环境摆在压倒性位置,共抓大保护,不搞大开发。湖北既是国家两型社会建设改革试验区,又是长江径流里程最长的省份,三峡工程坝区和南水北调中线工程核心水源区,生态环境保护责任重大。省委、省政府贯彻落实总书记的讲话精神和绿色发展理念,先后制定了《关于加快推进生态文明建设的实施意见》《关于全面推行河湖长制的实施意见》《长江经济带生态保护和绿色发展总体规划》,这些政策的出台,为湖北全面推进生态文明建设提供了重要支撑。在此背景下,我们分别从水生态建设、水文化建设以及水体制机制创新角度对湖北水生态建设的目标与方向进行全景扫描,为湖北推进生态文明建设建言献策,谋划"生态湖北,绿色湖北"的美好蓝图。

发挥湖北水生态文化优势的战略思考*

涂爱荣**

　　湖北,坐拥千湖,三江交汇,丰沛的水资源一直是湖北引以为傲的资本。湖北的水既有"茫茫九派流中国"的豪放,又有"高山流水韵依依"的婉约。可以说,湖北最显著的地理文化特色就是水。湖北要实现科学发展、跨越式发展,要加快构建中部地区崛起的重要战略支点,要实现文化大省向文化强省的跨越,必须推进生态文明建设,提升构建重要战略支点的文化影响力和生态承载力,坚持生态立省。为此必须思考的一个重要问题,就是如何彰显其地理文化特色——水生态文化优势。

一、水生态文化的内涵探析

　　文化是一个国家综合实力的重要组成部分,是检验一个国家文明程度的重要标尺。党的十八大报告和十八届三中全会强调了文化建设的重要性。把文化建设提升到国家软实力的战略高度,与经济发展的硬实力同等重要。水是生命之源、生产之要、生态之基。兴水利、除水害,事关人类生存、经济发展、社会进步,历来是治国安邦的大事。水是与人类生存发展息息相关的自然资源,也是世界各民族的文化之源。

　　以水为载体的人类实践活动产生了具有特定内涵的水生态文化。自古以来人类就择水而居,以水为邻,形成了以流域为依托的集居方式,从而也孕育了以流域为发祥地的文明。水生态文化是民族文化中以水为轴心的文化集合体,是劳动人民在长期与水抗争中形成的民族精神,是人们在水事活动中创造的以水为载体各种文化现象的总和。

　　水文化既以动态的水事活动为研究对象,又以静态的水事理念为研究对象;既以有形的水利工程为研究对象,又以无形的涉水意识形态为研究对象。水生态文化作为博大精深的中国传统文化和中华历史文明中一个不可或缺的重要组成部分,更多的是以有形的水利工程、水利遗存、碑刻等形式和无形的水利论著、文学、美术作品、民俗等形式而传承下来的。水生态文化的研究对象是水,水蕴含丰富的文化内涵,水与文化密不可分,相互

* 原文刊载于《湖北经济学院学报(人文社会科学版)》2016年第2期。
** 作者简介:涂爱荣,湖北经济学院马克思主义学院教授。

65

依存、相互渗透，共生共长。联合国教科文组织曾指出："水具有丰富的文化蕴涵和社会意义，把握文化与自然的关系是了解社会和生态系统的恢复性、创造性和适应性的必由之路。"

水生态文化，从广义上讲，是人们在长期的兴水利、除水害、灌溉、休闲、游乐等水事实践活动中形成的一种共有的价值观念、思维模式、行为准则以及所获得的物质、精神的生产能力和所创造的物质、精神财富的总和。它主要由三个层面的文化要素构成：一是物质形态的水生态文化，如水利工程、水利遗址、灌溉工具等；二是精神形态的水生态文化，如节水护水意识、有关水的价值观念、文化心理、宗教仪式、道德、习俗等；三是制度形态的水生态文化，如以水为载体的法律法规、政策条例等。狭义的水生态文化仅指第二层面的要素，即人类通过水事实践，认知、感悟的一切涉水行为的社会意识形态，是人类水事活动的观念、心理、方式及其所创造的精神产品。本文将从广义的角度来探讨水生态文化问题。

二、湖北水生态文化的现状分析

（一）深厚的水生态文化历史底蕴

湖北是千湖之省，长江、汉江、清江三江交汇，水事活动历史悠久，水生态文化源远流长。早在汉代，襄阳附近就出现了江汉堤防，以后长江荆江段和汉水中游以下就成了历代防洪的重点。西晋早期，杜预修复南阳水利，在江汉平原开扬夏水道。西由江陵的扬口经长湖入汉江，东由石首经华容入洞庭湖，缩短了汉江、长江至洞庭湖的航线。东晋时，古江陵郡（后来的荆州府）刺史桓温修筑长江中游地区最早的重要堤防。最早的堤段后来被称为"金堤"，又叫"万城堤"[1]，是荆江大堤的肇始。南北朝对峙时期，长江中游的荆襄一带的水利屡次修复。五代时期，后梁与后唐委任的统治荆南的一个官吏高季兴为了保护其江陵封地，在汉水南岸修筑了一道百里[2]长的堤防，绵延于荆门、潜江之间，这也是汉水南岸最早的堤防。大约一千年后，当地人仍将这段位于沙洋镇上游的堤防称作"高氏堤"。[3]唐代曾试开汉江支流丹江通渭河的运道。自唐后期到南宋时，长江以南的大小塘堰灌区普遍开发，唐中期以后，围湖造田逐渐向鄱阳湖、洞庭湖、洪湖等沿江滨湖地带发展。到南宋时已扩展到荆江两岸，叫作垸田，各湖区的围垦在以后各代有增无减，水面缩小，蓄洪能力削弱，这一时期出现了许多以排洪为主的疏浚工程。一直到宋代，保护长江北岸地区的上起江陵下至沙市的江陵大堤才建立起来，这是与长远的经济发展密切相关的第一个连续的系统工程[4]，南宋时汉水中游有宜城长渠、枣阳平虏堰等大型工程，荆江及汉江下游堤防也逐渐增多。往往和圩垸堤岸连成一片。元、明、清及民国时期，长江干支流堤防逐

---

①　参见《江陵县志》（1877 年）卷 8 所引《水经注》，第 2 页。

②　1 里＝500 米。

③　转引《下荆南道志》（1740 年）卷 24，第 58 页。

④　参见《江陵县志》（1877 年）卷 8，第 5 页。

渐完成,上起荆江下至江苏都有了系统的堤防,汉江的堤防也得以重修,荆江分洪穴口多被堵塞,近代仅有四口分流入洞庭湖,汉江下游及荆江段常有水灾,堵口、修堤的记载增多。

(二)丰硕的水生态文化建设成果

近年来,湖北省从水生态文化角度认识人和自然的关系、人与水的关系,转变水事观念,实现人水和谐,"节水、爱水、护水、亲水"意识深入人心,可持续发展水利和民生水利成为全社会共识,形成了"合力兴水、和谐兴水"的良好社会氛围,从充分发挥水、河流、水利工程的文化功能的高度,重视提升水利工程的文化内涵,实现水、水工程与水生态、水景观的有机结合,为人们提供良好的生活和生存空间。武汉江滩及全省许多城市防洪工程建设都是显现文化品位的水景观和人们陶冶性情的好去处。水生态文化建设,使人们开阔了眼界,拓宽了思路,启迪了思维,深化了对自然规律、经济规律、社会规律和水利发展规律的认识,把握了水利发展与改革的阶段性特征,丰富和完善了可持续发展治水思路,即构建"一点两线""一面三区"的宏观框架,构筑安全可靠的防洪减灾、水资源供给、水生态保护三大保障体系。为推进"两型社会"建设,湖北实施武昌"大东湖"、汉阳"六湖连通"、四湖流域综合治理等生态修复工程建设,水土保持生态环境工程建设,汉江中下游新的水生态平衡工程建设及孝昌等地节水型社会建设试点等,取得一定成效。湖北省多年来的治水史积累了丰富的水利遗产。2009 年 9 月,荆门新发现的 864 处文物点中,发现了近代水利设施——建于清同治十三年的东宝赵家闸,它由夯实黏土外包灰土保护层作为河道滚水坝,建筑方式十分独特。湖北的涉水文化遗产和自然遗产丰富:丹江口库区湿地、网湖湿地、洪湖湿地、梁子湖群湿地、石首天鹅洲长江故道区湿地、长江天鹅洲白鳍豚自然保护区、万江河大鲵自然保护区、长江宜昌中华鲟自然保护区、沉湖自然保护区、洪湖自然保护区、忠建河自然保护区、长江新螺段白鳍豚自然保护区、龙感湖自然保护区、漳河风景名胜区、恩施龙麟宫水利风景区、京山惠亭湖风景区等。这些都是水生态文化的重要载体。自 20 世纪 80 年代以来,湖北就开展了水利修志工作,经过多年的收集、整理、编纂,先后完成了《湖北省志·水利》《湖北水利工程建设》《湖北水利志》《湖北水利大事记》、《丰碑——湖北长江堤防建设大写真》等多部史志书籍和画册。这些史志资料充分发挥了其传承水生态文化和纪实、存史、资治、教化等方面的功能,为湖北科学治水提供了有益的文化资源。

(三)迫切的水文化建设需求

水生态文化建设是社会主义文化建设的重要组成部分,是社会主义文化大发展大繁荣的内在要求。加强水生态文化建设,能够升华治水理念、拓宽治水思路、激励治水斗志,推动民生水利发展,推动生态文明建设,倡导先进的生态文化观,维护流域河流湖泊健康,形成节约水资源、保护水环境的行为和风尚。党的十七届六中全会做出了推动社会主义文化大发展大繁荣的决定,水利部也制定了《水文化建设规划纲要(2011~2020 年)》,这都为湖北水生态文化发展指明了方向,提供了强有力的政策支撑。当前,湖北正处在加快水利改革发展,推进传统水利向现代水利、可持续发展水利转变,实现水资源大省向水利强省跨越、水文化大省向水文化强省跨越的关键时期。中国共产党湖北省第十次代表大会也做出了科学发展、跨越式发展、加快构建中部地区崛起重要战略支点、文化强省的战略部署,提出生态环境显著改善,人与自然更加和谐,不断提升构建重要战略支点的精神驱动力、文化影响力和生态承载力,提升生态文明,坚持生态立省,让"千湖之省"蓝天永驻、青山常在、碧水长流的目标。水生态文化成为湖北构建战略支点的重要支撑。湖北是中部崛起的重要省份,水特色鲜明,水生态文化底蕴深厚。面对水利发展的新形势,湖北水生态文化建设也存在着一些与之不相适应的地方,主要是:①对文化兴水的认识不足,思想观念相对滞后;②水生态文化研究还没有得到相当重视,在理论上尚未形成严密成熟的体系;③水利工程建设往往局限于工程的结构和传统功能的发挥,而较少考虑工程建设中的水生态文化内涵及社会环境和生态多样化的要求;④对新形势下水生态文化建设的规律把握不足,解决现实问题的能力相对薄弱;⑤水生态文化教育和交流不足,文化人才特别是拔尖人才相对匮乏;⑥水生态文化建设途径、方法的创新不足,高质量、有影响力的文化成果相对缺乏;⑦水生态文化建设的总体规划和资源整合不足,与先进省市相比较,发展水平相对落后;⑧对现有水生态文化资源保护不够,致使水生态文化优势得不到合理有效的利用;⑨"人水和谐"的用水、治水理念和思路尚未推广。这些都为湖北水生态文化研究与建设既提出了现实需要又提供了广阔的空间。湖北是一个水资源、水文化大省,但其发展的质量和水平与中央的要求、与湖北的发展形势、与人民群众的期待,还有相当差距。湖北水资源承载力下降、水生态环境遭破坏、水安全问题凸显等水忧患问题所产生的一系列自然矛盾和社会矛盾,对人水和谐构成威胁,对湖北水生态文化提出了挑战。面对日益复杂的水问题,水生态文明建设的新形势,以及人民群众对水利发展和精神文化生活的新期待,湖北要成为促进中部地区崛起的重要战略支点,水生态文化已成新的增长源、增长点,水生态文化建设迫在眉睫。

三、湖北水生态文化建设目标的确立

(一) 增强水资源的保护意识,建立人水和谐的生产生活方式

针对湖北省水资源承载力下降、水生态环境遭破坏、水安全问题凸显等水忧患问题,要注重从文化的角度反思人与自然的关系,提高全社会的水患意识、节水意识、水资源保护意识和维护河流健康生命的意识,努力构建节水型社会以及良好的水生态环境,形成节约用水和爱护水环境的生产方式和消费模式,促进经济发展方式的转变。

(二) 增强水工程的审美意识,提升水工程与水环境的文化内涵

水利工程不仅满足基本洪涝排除、供水保障等基本生存保障功能,还兼具城市水域景观、生态系统恢复、水环境改善等功能,提升水工程与水环境的文化内涵是传统水利向现代水利跨越发展的工作目标之一。湖北水工程的规划和设计要注意融入湖北水生态文化元素,把水工程与建筑艺术、自然生态有机结合起来,使之具有独特的人文特色和艺术美

感,成为赏心悦目的好风景、休闲娱乐的好场所、陶冶性情的好去处,从而满足人们旅游、休闲的文化需求。

(三)增强水生态的文化意识,树立科学用水管水治水的文化理念

水资源既是稀缺的自然资源,更是社会发展的战略资源,湖北水资源承载力下降、水生态环境遭破坏、水安全问题凸显等水忧患问题,归根结底是人的问题,是人的观念问题。人在水面前由被动变为主动,强制性地对水资源进行过度的或不恰当的开采、利用,给水资源、水生态、水环境带来诸多负面效应。水资源紧缺、水环境污染、水生态脆弱,成为人与水关系的窘迫局面,解决这种现实问题,不可能从历史水文化状态中找到现成的答案。水文化研究当然要关注这些现实问题,要在研究和解决现实问题的过程中确立水文化的地位,延续水文化的生命力。只有增强水生态的文化意识,改变传统观念和思路,树立科学用水、管水、治水的文化理念,才能促进水资源的合理开发、高效利用、优化配置、全面节约、有效保护、综合治理,优化水生态环境,实现生态立省、文化强省。

(四)增强水生态文化的忧患意识,加强水生态文化教育与宣传

湖北水资源承载力下降、水生态环境遭破坏、水安全问题凸显等水忧患问题所产生的一系列自然矛盾和社会矛盾,破坏人水和谐,对湖北水生态文化提出了挑战,直接制约了湖北水生态文化的发展和水生态文化优势的发挥。水生态文化是在水、人、社会之间架起一座沟通的桥梁,可以通过社会机构进行水文化培训、高校设置水生态文化专业等途径推进水生态文化教育。充分利用电视、网络等媒体宣传,通过讲座、报告等途径,扩大水生态文化传播。同时,应大力发掘、维护和修复水生态文化的古迹和历史遗存,明确将水生态文化建设列入文化强省战略和各级水利部门的议事日程,并作为评选文明城市、历史文化名城、魅力城市的重要考核指标。

四、发挥湖北水生态文化优势的路径选择

(一)理论建设:繁荣水生态文化事业

1. 收集水生态文化成果

一是围绕湖北水利改革发展面临的重大问题,认真总结水利发展的历史经验和实践成果,深入研究水科学技术、水管理方式以及传统治水理念、治水方略、治水措施的历史嬗变,为当代水利建设、管理和发展提供借鉴;二是总结、研究在极端气候变化、自然灾害频发以及城市化、工业化和城乡一体化进程中,人类解决水与人口、资源、环境关系的经验教训,为湖北水资源的可持续利用提供政策依据和战略对策;三是收集、整理湖北区域水生态文化、民族水生态文化、水行业内各专业领域文化和行业、单位组织文化研究的成果,以及省内外、国内外的水生态文化人才所开展的水生态文化研究课题,所形成的有价值的研究成果,并建立健全有利于理论创新的课题规划、成果评价和应用机制,促进水生态文化的理论研究不断取得新成效。

2. 保护水生态文化遗产

一是做好省和地方水利史志的编修工作,抢救性地收集、整理和保护水利历史典籍、文献和档案,对涉水古籍进行深入的收集、编校、注释、整理,让古籍创新发挥它的历史作用,展现水生态文化的历史底蕴;二是对古代水利工程遗址、历代代表性水工建筑物、古代水衙门遗陈、雕塑、碑刻和水利非物质文化遗产进行抢救性保护,运用有效载体,通过原址展示、陈列展览、实物复原、虚拟现实技术复原、科普著作和数字影视作品等技术手段,再现已经消失的水生态文化,让人民群众感受到传统水生态文化的博大精深,加强湖北水生态文化遗产保护意识。三是开展水利遗产资源普查,制定水利遗产保护和整理、修缮工作规划,落实科学保护责任与合理利用措施。

3. 提升水工程文化内涵

当前水利工作思路正在从单纯的工程建设向人水和谐观念转变,因此,注重水工程的文化内涵正成为目前和今后一段时间内水利工作的新思路和发展趋势。一是挖掘水工程厚重的历史底蕴。我国历史文化悠久的特点决定了我国河流、湖泊等水域文化底蕴厚重,因此在水利工程、水利建设中有机地融入文化底蕴,有助于水生态文化内涵的挖掘,让无形的水生态文化资产通过有形的水工程形式加以体现,有力地推动水生态文化的建设和发展。二是注重水景观设计。在水工程建设中,注重景观设计,将文化理念、观赏价值、生态价值融入其中,形成以青山绿水为主、人水和谐的水景观承载体系,凸显水工程的文化内涵,这样不仅可以提高工程的知名度,还可以提升工程形象,改善工程所在地区的生态环境。三是兼顾水工程综合效益的发挥,把水工程建设成具有多种用途、多重效益的优美的旅游景点、良好的休闲场所、高效的产业基地和生动的教育基地,使水利工程不仅发挥工程效益、经济效益、文化效益,而且发挥生态效益、环境效益、旅游效益,最大限度地发挥水工程的综合效益。

4. 建立水生态文化保障机制

一是加强制度保障。成立专门机构(建立以水利、交通、建设、环保、旅游、林业、国土等部门为成员的水文化建设委员会,确定具体的分管领导);创建激励机制(制定水生态文化建设的实施和考核奖惩及验收办法,把它作为考核、评审、晋升的重要指标);制定发展规划(滨水城市要把水生态文化融入城市规划、景观设计、旅游经济之中);制定节水、取水、水资源保护和利用等制度。二是加强法律保障。制定实施湖泊保护规划,结合每一个湖泊个性风貌、地理位置、历史遗韵等特点制定相应保护及开发举措;修订和完善水生态文化建设、水景观设计、水工程管理、水遗产保护的相关条例。三是加强经费保障。切实落实经费及办公地点,将水生态文化建设的经费和办公场地建设的费用列入各级政府和各地水利部门的经费预算之中。四是加强技术保障。创建专门的水生态文化工作平台,开设专门的水生态文化网站或在报刊设置水生态文化专栏;五是加强人才保障。通过培训、相关专业选拔等方式培养和选拔一批水生态文化研究和建设的专门人才队伍,将其列入计划编制,保障其待遇,使其潜心于水生态文化的研究和建设。

(二) 实践探索:培育水生态文化相关产业

1. 发展水生态文化传媒产业

与其他文化不同的是,以水生态为载体的水生态文化既具有社会效益和生态效益,又具有经济效益。湖北可以利用水资源与水生态文化的优势,发展水生态文化传媒产业,发行水生态文化出版物、艺术品、影视作品,依托行业优势,整合水利资源,面向公众需求,参与市场竞争,实施精品战略,打造品牌产品,实现生态、文化与经济的互动。

2. 发展水产养殖业

湖北湖泊星罗棋布,汇三江之水,水资源丰富,水文化特色鲜明。利用得天独厚的水资源优势和水文化优势,发展江河、湖泊、水库、沟渠养殖,形成健康、生态、高效的水产养殖业,对于进一步服务"三农",促进渔业和渔区经济发展,渔民增收,具有重要的现实意义。

3. 大力发展旅游业

以市场为导向。在保护好自然环境和历史文物的前提下,依托天然湖泊、人工水库、自然河流、人工渠道和特色水工程建筑物,把自然水景观和历史人文景观、水环境有机结合起来,拓展其文化内涵,通过文字解说、原物展示、古景重现等多种手段,加大游客对历史水生态文化资源内涵的感悟,认识到水生态文化资源的内在价值,充分发挥湖北水生态文化优势,做大做强湖北省旅游产业。

4. 培育现代生态农业

从湖北省具体水情出发,科学用水、科学灌溉、建设生态农业、实现水资源可持续利用是保证湖北粮食安全、破解水资源危机、保护水生态环境等问题的关键。保护水环境,优化水生态,以水资源的高效利用、可持续利用培育和促进现代生态农业健康发展,对于湖北"三农"问题的解决具有重大战略意义。

长江经济带湖北段水生态建设的问题、成因与对策[*]

张晓京[**]

一、长江经济带湖北段水生态建设的现状与问题

（一）水资源节约成效显著，但水供需矛盾日益突出

水多水少、水资源时空分布不均是湖北的基本省情和水情。为此，湖北严格用水总量控制，加强用水效率控制红线管理，全面推进节水型社会建设。通过系列措施，湖北节水指标进一步下降，用水效益明显提高，全省平均万元国内生产总值用水量、平均万元工业增加值用水量持续下降，不同规模灌区的农田灌溉水有效利用系数稳定提高。但随着经济社会的跨越式发展，用水需求量呈刚性增长、用水效率低下，诱发供需矛盾。

一是用水需求不断增长，"水少"问题凸显。湖北年均自产水资源总量1036亿立方米，人均自产水资源量1719立方米，低于全国人均2200立方米的平均水平，接近国际公认的人均1700立方米严重缺水警戒线。因降水时空分布不均，南北相差近3倍，鄂西、鄂西北等地长期遭受干旱缺水的困扰。据统计，中等干旱年全省缺水55.7亿立方米；特大干旱年全省缺水120.8亿立方米，46个县级以上城市缺水[①]。水资源紧缺的同时，湖北用水总量却持续增长（图1），工业、农业、生活用水需求日益提高，其中工业用水量年均增长9.01%，生活用水量年均增长3.66%（图2）[②]。

二是水资源利用方式粗放，用水效率低下。湖北总用水量130.59亿立方米，其中农业用水占65.5%，工业用水占14.8%，生活用水占19.7%[③]。长期以来形成的农业漫灌用水、工业直流用水、企业高耗水等传统用水方式，导致湖北水资源浪费严重，用水效率低下。据统计，2015年全省农业有效灌溉系数为0.4999，低于全国平均水平的0.5360；万元

[*] 基金项目：湖北省委重大调研课题（LX201631），湖北水事研究中心重大项目（2016A001）。

[**] 作者简介：张晓京，女，法学博士，湖北经济学院教授，湖北水事研究中心研究员。

[①] 湖北省水利厅.把实行最严格水资源管理制度不断推向深入[EB/OL].(2016-03-22)[2017-05-02].http://www.hubeiwater.gov.cn/hdjl/zxft/201603/t20160322_78539.shtml.

[②] 数据来源：2007～2015年《湖北省水资源公报》。

[③] 数据来源：《2015年湖北省水资源公报》。

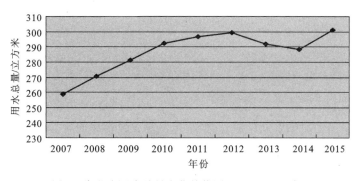

图 1　湖北省用水总量变化趋势图（2007～2015 年）

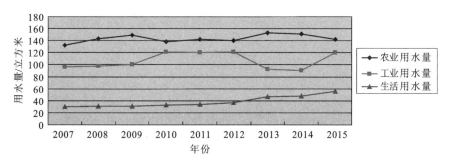

图 2　湖北农业、工业、生活用水量变化趋势图（2007～2015 年）

国内生产总值用水量为 90 立方米,万元工业增加值用水量为 80 立方米,远超全国平均万元工业增加值用水量 58.3 立方米①。

（二）水环境质量稳中有升,但水污染防治形势依旧严峻

"水脏"问题一直是困扰湖北社会经济建设的关键因素之一。经过多年的水污染防治,湖北水环境状况稳中有升,地表水环境质量总体良好。其中,河流水污染状况好转,主要湖泊和代表性水库水质状态、营养状况有所改善,重点水功能区、集中式饮用水水源地达标情况较好。但全省水环境状况并不乐观,长江、汉江沿江城市近岸存在大段污染带,汉江干流及部分支流"水华"频发,城市内湖污染较为严重,部分饮用水水源地水质达不到使用功能要求,全省水功能区达标率也不高,农村面源、城市点源污染尤其突出。

一是农村水污染治理成为难题。湖北是农业大省,高强度的农业开发和高密度的乡村人口使农村水污染问题日益严重。问卷调查结果显示,水污染是农村中最严重的环境问题,也是对农村家庭影响最大的问题。问卷得出的结论与农村面源污染现状高度契合,2015 年农业源化学需氧量、氨氮、总氮、总磷排放量占全省污染排放总量的 56%,远超过工业、生活源污染排放量,湖北被列为全国农业面源污染高风险省(市)之一。

二是城市水污染防治任务依旧艰巨。城市化快速发展,城市用水量和废污水排放量随之增加,对水体安全直接产生影响。全省废污水排放量逐年递增,由 2007 年的 46.72

---

① 　数据来源:《2015 年湖北省水资源公报》《2015 年中国水资源公报》。

亿吨增长至 2015 年的 51.25 亿吨,生活污水、第三产业污水排放稳定增长;废污水入河排污量也逐年递增,年增加率为 14.4%[①]。面对日益增长的废污水排放,城市污水处理能力并不能满足实际需要,12 个地级市平均处理率为 84.5%[②],尚未达到全国平均水平,城镇污水处理能力更是有限。城市污水不经处理直接排放,工业废水不达标排放、偷排现象仍然存在,直接造成局部城市江段水污染严重、城市内湖污染、营养化严重。

(三) 水生态保护与修复初见成效,但水生态恶化趋势未能有效控制

按照"控污优先、生态修复、水网连通、综合治理、协调发展"的原则,湖北大力推进水生态修复规划落实,致力江湖连通等重点工程,在破解水生态难题上取得一定成效,但全省水生态环境恶化趋势并未得到有效控制。

一是水土流失严重。湖北现有水土流失面积 3.69 万平方公里,占全省土地面积的 19.85%。每年流失的表土,按土层 20 厘米计算,相当于每年流失 47 万亩耕作层。按现行治理进度,消化 3.69 万平方公里水土流失存量需要 20 年[③]。

二是湖泊水生态恶化。主要表现为:①湖泊数量锐减,面积萎缩。据统计,湖北百亩以上的湖泊由 1332 个锐减为 755 个,减少 43.3%;湖泊容量从 131 亿立方米减少至 57 亿立方米,下降了 56.5%[④]。②湖泊水质恶化,营养化严重。根据 2015 年对全省 29 个主要湖泊的监测,I、II 类水湖泊缺失,受污染湖泊 19 个,轻度营养湖泊 13 个,中度营养湖泊 16 个[⑤]。③湖泊生态功能不断退化,调蓄、供水、湿地生态、维持生物多样性等多重功能严重下降。

三是大型水利工程投入运行带来新的水生态问题。三峡工程与南水北调中线工程的建设运行进一步加剧了湖北水生态的压力:①库区水生态建设任务加重。为保障水利工程的顺利运行,库区需加强水土流失治理、水污染与地质灾害防治等各项生态环境建设任务。②库区下游水环境容量减少、水污染加重,水生态环境发生较大变化。工程投入运行后,下游河段断流、生物多样性减少、土壤墒情迅速下降等问题日益突出。

(四) 水利工程建设初成体系,但水安全保障能力需进一步提升

湖北素有"洪水走廊""水袋子""旱包子"之称。全省 50% 以上的人口、78% 的工业产值、88% 的农业产值,以及武汉、黄石、荆州等 48 座县级以上城市均直接受到江河洪水的威胁[⑥]。鄂东北及鄂中丘陵为重旱区,鄂西、鄂西北也是"十年九旱"之地。因此,治水历来为鄂政之要,目前已初步建成防洪、排涝、灌溉三大工程体系,防洪减灾取得明显效益,但总体防洪安保能力有待提升。

一是防洪安保体系尚未完全形成。长江、汉江防洪保护圈没有完全建成,中小河流防

① 数据来源:2007~2015 年《湖北省水资源公报》。
② 数据来源:《2015 年湖北省统计年鉴》。
③ 数据来源:湖北省水利厅《加强水土保持 建设美丽湖北》。
④ 数据来源:湖北省湖泊局《湖北省水生态保护与修复的实践与思考》。
⑤ 数据来源:2015 年《湖北省水资源公报》。
⑥ 数据来源:湖北省防汛抗旱指挥部《为"五个湖北"建设提供水利保障》。

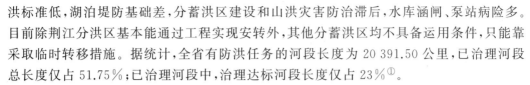

洪标准低,湖泊堤防基础差,分蓄洪区建设和山洪灾害防治滞后,水库涵闸、泵站病险多。目前除荆江分洪区基本能通过工程实现安转外,其他分蓄洪区均不具备运用条件,只能靠采取临时转移措施。据统计,全省有防洪任务的河段长度为 20 391.50 公里,已治理河段总长度仅占 51.75%;已治理河段中,治理达标河段长度仅占 23%①。

二是抗旱减灾能力脆弱。湖北水利基础设施建设相对滞后、抗旱水源工程不足。近年水利设施总蓄水能力、灌排效率衰减达 40% 以上,有 40% 的农田不能保收,还有 60% 的农田只能抗御 5 年一遇的灾害。

三是城市排水防涝建设问题突出。近年暴雨等极端天气引起的湖北各地城市内涝频发,排水设施整体能力薄弱、排水标准低是关键因素。武汉市现有外江抽排泵站能力仅为规划需求的 53%,原采用设计存在排涝标准低、抽排能力不足,部分地区排水管网极不完善。

(五)水资源管理有序推进,但现代治水能力有待增强

为加强水资源管理,湖北在依法治水、理顺管理体制、落实最严格水资源管理制度、创新管理机制方面采取系列推进措施,但伴随涉水问题的日益复杂,现行治水能力亟待增强。

一是涉水事务信息化建设滞后。水务信息化建设是落实"三条红线"管理、建立水资源管理责任与考核制度的关键性措施。但水利、环保等部门现行信息化建设距离实行最严格水资源管理要求甚远,部分地区水量、水质、水生态监测站网严重不足;业务应用系统建设各自为政,信息资源分散,整合难度大,信息共享程度低,用户参与度不高。

二是水资源管理队伍履行能力不足。湖北水资源管理队伍建设严重滞后于现代治水需要,水资源管理队伍人手严重不足,而且管理能力不强。现有基层水资源管理人员中具有大专院校水资源专业背景的人员所占比例低,大多为行政、后勤、工程技术等岗位轮岗而来或安排的军转干部。

三是涉水事务一体化管理水平低。因部门利益难以整合,部分职能归口比较困难,职能分散管理的旧体制所带来的弊病积重难返,全省 115 个县级以上行政区域中,绝大多数未实行涉水事务一体化管理。即使在已经设立水务局的 45 个市(县、区)中,大多数并未真正实现涉水事务的一体化管理。

二、长江经济带湖北段水生态建设问题的成因

(一)水生态保护公众认知不足、参与意识薄弱

多元协同治理已经发展为生态建设的主要模式,公众参与是多元协同治理模式的重要引擎。为充分了解公众对水生态建设的认知及参与状况,课题组对 134 名受访者进行了随机问卷调查。调查发现,在看待"经济发展与水生态环境保护两者的关系"时,68% 的

---

① 数据来源:《湖北省第一次水利普查公报》。

受访者认为"两方面都很重要，二者需要兼顾"，20％的受访者认为"保护水生态环境更重要，任何经济发展不能以牺牲环境为代价"，7％的受访者认为"经济更重要，要先搞好经济发展再进行水生态环境保护"，5％的受访者无法选择。在对"水环境污染问题"的认知调查中，5％的受访者认为非常严重，25％的受访者认为比较严重，51％的受访者认为不太严重，10％的受访者认为根本不严重，9％的受访者无法选择。在对"参与水污染治理的频繁程度"调查中，受访者总是参与水污染治理的占2％，经常参与的占8％，有时参与的占33％，很少参与的占30％，从不参与水污染治理的占27％。调查结果显示，大多数受访者认为水生态环境保护很重要，但对水环境问题缺乏认知，并且很少参与水生态环境保护，公众对水生态保护表现出"高认同、低认知、践行度不够"的特点。

为进一步厘清影响公众认知及参与的因素，课题组对受访者"了解水环境保护政策的程度"进行了问卷调查，非常了解的只占0.8％，了解一点的占35.8％，不了解的占58.2％，说不清的占5.2％。运用李克特量表对选项进行赋值处理（非常了解赋值为2分，了解一点赋值为1分，不了解与说不清的赋值为0分），得出的均值为0.38，说明受访者基本不了解水环境保护政策。是公众缺乏了解的意愿，还是缺乏了解政策的途径呢？问卷对"保护环境的最好方式"做了询问，分析结果显示：向个人提供更多的信息及培训是多数公众期望的最好环境保护方式。由此可见，对公众水生态知识的普及教育不够，应进一步提升公众意识。

（二）涉水事务管理体制不完善

一是涉水事务管理的统筹不足影响治水成效。涉水事务涵盖广泛，涉及防洪抗旱、水源、供水、用水、节水、排水、污水处理与回用等诸多环节。涉水管理职能广泛分布在水利、环保、住建、农业、渔业、交通、林业、旅游等多个部门。各部门在行使各自的涉水管理职能时，缺乏将水质、水量、水生态三者相协调的系统思路。实践中，水利部门往往重视水利工程的建设，忽视水利工程对水生态的影响；交通部门仅仅注重疏通河道以利用河道的通航功能，忽视其对河道水环境和水生态的影响；农业部门主要考虑施用农药化肥促进增产增收，忽略氮磷流失造成的面源污染；渔业部门关注水产业的经济收益，未考虑围网养殖、投肥养殖对湖泊等水体的污染。各部门涉水管理忽略水生态系统的整体性，缺乏统筹考虑，结果导致水污染久治不愈、水生态恶化趋势不减、水资源供需不足。

二是涉水管理部门职责界限不清、协调不畅阻碍治水合力。涉水部门多头管理、职权交叉重叠、各自为政、"争夺权力而不承担责任"的现象大量存在。在水污染治理方面，水利部门与环保部门存在一定的职能交叉；在水环境监测方面，环保、水利、国土等多部门监测造成"数"出多门；在水治理执法方面，岸上岸下、地上地下等多部门多头执法的问题严重；在湖泊的管理与保护方面，功能管理部门分割严重。一些部门间建立了沟通协商机制，但并未发挥实质效能，未能形成涉水管理合力。

（三）产业布局、结构不尽合理

水不仅是基础性的自然资源，也是战略性的经济资源，湖北现行产业结构与布局主要以丰富的水资源为基础构建,形成了需水、耗水、污水的沿江涉水产业发展模式。

一是需水、污水型农业沿江布局。湖北是农业大省,位于长江流域的农业主产区内。农业的高速发展带来水资源过度消耗、农村水生态环境持续恶化等问题:①需水型农业对水资源造成压力。湖北是水稻主产区,需水量大,加上不合理的灌溉方式,水资源压力增大。②加剧农业面源污染。湖北处于传统农业向现代农业转型过程中,农业生产过量施用化肥、农药、畜禽养殖、水产养殖废弃物随意排放使得农业面源污染问题突出。

二是耗水、污水型工业主要沿江展开。湖北大型钢厂、炼油厂、火力发电厂、化肥厂、化纤厂、水泥厂及大批中、小企业布局长江两岸,形成了"钢铁走廊""石油化工走廊"。上述产业耗水量大、污染性强,重视对水资源的开发利用,却忽略对水资源的保护。

三是粗放式第三产业依水而生。充分利用长江水运、水文化、水景观等优势,大力发展运输、旅游等第三产业,是湖北第三产业的布局特点。虽创造了较大经济效益,但第三产业整体发展尚处于一种散而不精的状态,水资源开发利用方式简单、粗放,存在着低水平过度开发、品位不高、污染严重等问题。

(四)水生态建设投入机制不健全

一是水生态建设资金投入不足,结构失衡。湖北水生态保护与修复、农田水利、防洪水利、供水和排水、环境水利、农村饮水安全等工程项目,囿于中央投入资金有限,地方配套投资负担过重,大多难以完全按照规划及时实施。即使项目已经建成,但因需要高额的运行养护经费而不能维持正常运行。同时,水生态建设项目因公益性强、投资规模大、建设周期长、盈利能力弱,社会投资参与程度低,其中水利项目的社会投资仅占20%,环保项目的社会投资仅占30%,水生态建设项目主要依赖财政投资,资金投入结构严重失衡。

二是水生态建设市场保障机制缺失。政府引导、市场主导、公众参与的多元化投融资渠道是水生态建设的重要保障。目前湖北尚未建立起水资源产权制度,形成有利于资源节约、环境友好的水价格体系;水资源从无偿划拨到有偿使用改革不到位,水资源再生、循环利用缺少经济动力,废污水处理成本高于排放成本;生态补偿、排污权交易等市场化机制建设尚处于试点状态;排污权交易信息平台、交易市场以及相应制度建设也处于起步阶段,水生态建设中市场主导机制极不完善。

三、长江经济带湖北段水生态建设的对策建议

(一)加强水生态文明宣传教育,提升公众参与意识

一是建设水生态文明宣传教育示范基地。采用公众喜闻乐见、容易接受的形式,加强节水、爱水、护水、亲水等方面的水文化教育,进行绿色社区、学校、企业、村镇、家庭创建活动,建设一批水生态文明示范教育基地,培育公众水资源、水生态、水危机意识。

二是建立公众对水生态环境意见和建议的反映渠道。通过典型示范、专题活动、展览展示、岗位创建、合理化建议等方式,鼓励社会公众广泛参与,提高珍惜水资源、保护水生态的自觉性。

三是建立全民教育机制。促进学校课程与水生态文明教育有机结合；通过理论培训、机关创建等活动强化党政机关管理者水生态文明意识；政府和行业协会推动企业制定水生态文明教育培训计划，敦促企业履行生态文明建设社会责任；针对村干部和村民开展水生态文明教育，利用流动图书馆、村图书室和活动室向农民传播生态文明知识。

（二）理顺地方水生态建设管理体制

一是推行河（湖、库）长制管理。"河长制"本质是地方人民政府对辖区内水环境质量负责的具体形式，自实施以来被誉为破解当前中国水环境治理困局的制度创新，湖北有必要加以借鉴和推广：①建立市、县、乡（镇）三级"河长制"，成立领导小组及办事机构。由省政府分管环境保护工作的副省长担任全省流域环境保护"总河长"，各市、县、乡（镇）政府主要负责人分别担任各自辖区内主要河流环境保护"河长"，成员由党委、政府领导班子中副职领导及分管环保、水利、住建、农林等相关职能部门负责人充任，办公机构由与治水职责密切相关的核心职能部门抽调专人组成。②明确各级"河长"职责。各"河长"对河道的水质、水生态、水环境全面负责，采取治理与管理并重、修复和生态补偿同行的措施，确保河道水质、水环境得到明显改善和持续改善。③制定"河长"考核办法，对考评内容、对象与范围、组织、方式及奖惩办法等做出具体规定。

二是以"整合式执法"代替"单一式执法"。虽然地方政府对本区域涉水事务管理负总责，但实践中不可能事无巨细地投入到所有涉水事务中。因此，地方涉水相关职能部门在各自职能范围内仍然发挥着重要的作用，传统的"九龙治水"有其存在的合理性与合法性。但这种分部门管理的传统体制在实践中极易由"九龙治水"演化为"九龙争水"，因此，建议以"整合式执法"取代传统的"单一式执法"，将"九龙治水"升级为"九龙共治"，即由本级地方政府统筹协调，明确列举涉水相关职能部门职责，安排、部署其根据自身职能定位和责任范围适时、适当、适度地参与涉水事务管理，不再纠结于"主管与分管""统管与配合"。为此，首要任务是明确涉水相关职能部门的不同职责，这是保证职能部门依法履责，在涉水事务管理中不越位、不缺位、不错位的前提。《水污染防治行动计划》通过整合式职能列举的方式，合理分配了相关职能部门在水污染防治领域的职责，如在工业污染防治方面，要求"环境保护部牵头，科技部、工业和信息化部、商务部等参与"；在城镇生活污染治理方面，要求"住房和城乡建设部牵头，发展改革委、环境保护部等参与"；在农业农村污染防治方面，要求"农业部牵头，发展改革委、工业和信息化部、国土资源部、环境保护部、水利部、质检总局等参与"[①]。通过类似于《水污染防治行动计划》"整合式"职能列举，打破职能部门传统的"主管与分管"的执法思路，以"整合式执法"取代"单一式执法"，从而使涉水相关职能部门在地方政府的统筹协调下，各负其责，各司其职，实现"九龙共治"。

（三）建立产业结构调整升级的倒逼机制

一是推进实施产业准入负面清单制度。①实施产业准入负面清单。明确禁止准入新

---

① 国务院.水污染防治行动计划：国发〔2015〕17号［A/OL］.（2015-04-16）［2017-05-02］.http://www.gov.cn/zhengce/content/2015-04/16/content_9613.htm.

（扩）建产业、行业目录，禁止引入国家明令淘汰、禁止建设、不符合国家产业政策的项目；严格控制国家产业结构调整指导目录限制类产业和项目准入；禁止布局资源超载的产业目录，禁止落后产能进入；淘汰落后产能和化解过剩产能，强制推进不符合工艺标准和环保标准的企业淘汰退出或转型。②实行河段产业准入负面清单制度。严格控制长江和汉江沿线、大型水库、重要湖泊湿地周边的城市建设空间和工矿建设空间；从严控制在干流及主要支流岸线1公里内布局重化工及造纸行业项目；禁止在三峡库区、丹江口库区及上游等河段新建和扩建污染性项目；合理划定岸线保护区、保留区、控制利用区和开发利用区边界，促进岸线资源"留绿""留白"。③建立企业环境信用准入负面清单。加强企业环境信用体系建设，强化企业污染防治、环境管理、生态保护、社会影响等信用指标考核，扩大纳入环境信用评价的企业范围，将水价、上市、工商、质检评级等同环保信用评价挂钩。

二是水生态保护与产业标准化相结合，倒逼传统产业升级。实现传统产业升级改造是缓解生态压力，实现绿色发展的必经之路。建议深化标准化工作改革创新，将湖北产业化标准改革与水生态环境保护有机结合，用先进标准倒逼湖北传统产业升级。为此，应支持鼓励冶金钢铁、石油化工、水泥建材、纺织服装等耗水、污水型传统产业主导和参与国际标准、国家标准和行业标准研制；加快现代农业标准化体系建设，支撑农业现代化、集约化、产业化发展；加强物流、旅游、交通运输等生产性服务业标准体系建设，改变第三产业粗放式发展格局，提升现代服务业整体质量①。产业标准化应突出体现对"两型社会"建设的支撑作用，以资源节约、节能减排、循环利用、环境治理和生态保护为着力点，符合水资源、水环境、水生态保护标准。

（四）创新水生态建设领域投融资机制

一是推进项目试点示范，采取政府和社会资本合作（PPP）模式建设水利工程。①明确PPP模式的合作范围，将水源工程、供水排水、污水处理、中水回用等需一体化建设的水利工程纳入PPP模式试点。②确定项目的参与方式，选择一批现有水利项目，通过股权出让、委托运营、整合改制等方式，吸引社会资本参与；对新建项目，鼓励社会资本以特许经营、参股控股等多种形式参与建设运营；对公益性较强、没有直接收益的河湖堤防整治等水利项目，可通过与经营性较强项目组合开发、按流域统一规划实施等方式，吸引社会资本参与。③出台相应优惠和扶持政策吸引社会投资。根据湖北财政状况出台具体的、可操作的PPP项目扶持政策，如政府投资引导、财政补贴、价格机制。④做好PPP模式水利项目的服务和监管，发改、财政、水利部门应及时向社会公开发布水利规划、行业政策、技术标准、建设项目等信息，加快项目审批、制定项目退出机制、后评价与绩效评价等工作②。

---

① 湖北省政府办公厅.省人民政府关于深化标准化工作改革创新的意见:鄂政发〔2016〕25号［A/OL］.（2016-07-08）［2017-05-02］.http://gkml.hubei.gov.cn/auto5472/auto5473/201607/t20160708_862350.html.

② 中华人民共和国国家发展和改革委员会.关于鼓励和引导社会资本参与重大水利工程建设运营的实施意见:发改农经〔2015〕488号［A/OL］.（2015-04-02）［2017-05-02］.http://www.ndrc.gov.cn/gzdt/201504/t20150402_670131.html.

二是成立水环保产业基金，推进水污染防治 PPP 模式。①成立水环境保护 PPP 发展引导基金。基金应允许各类投资主体广泛进入，形成政府、企业、社会和公众四位一体的多元投融资模式。②签订责权明晰、风险分担、利益共享的 PPP 水环保产业基金合同。③明确水环保产业基金的适用范围。④出台地方水环境保护产业基金的管理办法，以进一步规范基金操作流程。各级财政部门应会同环境保护部门抓紧研究制定符合本省实际情况的操作办法，包括项目识别、准备、采购、执行和移交等操作过程，以及物有所值评价、财政承受能力论证、合作伙伴选择、收益补偿机制确立、项目公司组建、合作合同签署、绩效评价等方面。

流 域 治 理

　　随着全球化、区域一体化、工业化、城市化等方面的发展,我国流域治理问题变得日益复杂,矛盾不断凸显。流域治理具有不可分割的公共性、跨越边界的外部性、层次性、政治性等特点。在流域治理中,存在两类非常突出的难题,一是流域中水资源的初始权属分配问题,二是跨流域府际合作与协调问题,前者是为解决我国日益复杂的水问题,顺利推进实行最严格的水资源管理制度的必然要求,后者是破解我国水环境管理体制条块分割、多头管理、缺乏协调的碎片化管理体制的必由之路。因此,开展流域水权分配以及加强流域府际合作研究理应成为解决流域治理难题的两剂良方。

基于 GSR 理论的省区初始水权量质耦合配置模型研究[*]

张丽娜　吴凤平[**]

一、引　　言

在全球气候变化和人类活动的双重影响下,水资源短缺、水环境恶化和水生态退化等日益复杂的水问题已成为困扰全球的共同挑战。Milly 等指出,适应性管理是解决水问题的关键[①]。中国水资源区域短缺严重、水体污染严重等水问题尤为严峻,已经成为制约我国经济社会发展的主要瓶颈[②]。为解决日益复杂的水问题,我国实行最严格的水资源管理制度,并确立了"三条红线",即水资源开发利用控制红线、用水效率控制红线和水功能区限制纳污红线[③]。面向实行最严格的水资源管理制度的要求,协调人水矛盾、人人矛盾的关键是准确处理好用水总量控制、用水质量控制、用水效率控制等。

省区初始水权配置是政府主导下的水资源配置模式,是实现水权交易、发挥市场在资源配置中起决定性作用的重要前提。明晰省区初始水权是落实最严格水资源管理制度的重要途径,省区初始水权配置必须尽快适应这一制度要求。省区初始水权配置方法如何适应这一制度要求,如何从根本上缓解当前的水资源严峻形势,统筹考虑水量(量)和水质(质),实现水资源高效配置,是一个值得研究的重要课题。

目前,从水权配置方法的发展趋势看,已逐步实现从比较单一配置原则向多种配置原则协商、平衡、交互等蕴含耦合思想的方向发展。在国内,省区初始水权(水量权)配置又被称为"面向区域的流域初始水权配置"或"流域初始水权第一层次配置"[④]。蕴含耦合思

* 本文系作者承担湖北水事研究中心科研基金项目的阶段性成果,原文发表于《资源科学》2017 年第 3 期,作者在原文基础上做了部分修改。

** 作者简介:张丽娜,湖北经济学院经济与环境资源学院副教授,湖北水事研究中心研究员。吴凤平,河海大学商学院教授。

① Milly P C D, Julio B, Malin F, et al. Stationarity is dead; whither water management? [J]. Science, 2008, 319(2):1-7.

② 王宗志,胡四一,王银堂.流域初始水权分配及水量水质调控[M].北京:科学出版社,2011.

③ 左其亭.最严格水资源管理保障体系的构建及研究展望[J].华北水利水电大学学报(自然科学版),2016, 37(4):7-11.

④ 尹明万,于洪民,等.流域初始水权分配关键技术研究与分配试点[M].北京:中国水利水电出版社,2012.

想的配置方法的主要研究成果如下：①基于协调的配置方法。王宗志提出以和谐度最大为目标的流域初始二维水权配置模型[①]；肖淳等提出以初始水权配置系统友好度函数最大为目标的配置模型[②]。②基于平衡的配置方法。王浩等通过"三次平衡"实现在统一配置系统层面的供需平衡分析[③]；张丽娜等提出分水效率控制约束情景研究用水总量控制下的省区初始水量权差别化配置模型[④]。③基于交互的配置方法。吴丹等构建流域初始二维水权耦合配置的双层优化模型[⑤]；张丽娜等提出基于耦合视角的省区初始水权配置的研究框架[⑥]。国外鲜见对省区初始水权配置的研究成果，但存在流域可分配水资源量在各省区或区域进行配置的研究，主要研究成果如下：①多模型耦合方法。Cai 等构建了集成水资源模型、经济模型与水文模型的耦合模型[⑦]。②考虑水质影响的配置方法。Condon 等从线性优化算法模块集成的角度，构建了耦合物理-水文-水资源管理的水资源配置模型[⑧]。Bazargan-Lari 等、Kerachian 等先后提出了 2 种冲突博弈模型，解决考虑水质影响的地表水和地下水综合配置问题[⑨⑩]。Zhang 等系统考虑水资源配置因素、水循环过程和污染物迁移，建立流域水量水质耦合配置模型[⑪]。③多方参与的配置方法。Read 等提出可模拟利益相关者谈判过程的经济学权力指数配置方法[⑫]。Wang 等提出并应用两阶段协作水资源配置模型[⑬⑭]。

　　现有配置理论与实践为省区初始水权配置起到良好的指引作用。但面向适应最严格

① 王宗志,张玲玲,王银堂,等.基于初始二维水权的流域水资源调控框架初析[J].水科学进展,2012,23(4):590-598.

② 肖淳,邵东国,杨丰顺,等.基于友好度函数的流域初始水权分配模型[J].农业工程学报,2012,28(12):80-85.

③ 王浩,党连文,谢新民.流域初始水权分配理论与实践[M].北京:中国水利水电出版社,2008.

④ 张丽娜,吴凤平,张陈俊.用水效率多情景约束下省区初始水量权差别化配置研究[J].中国人口·资源与环境,2015,25(5):122-130.

⑤ 吴丹,吴凤平.基于双层优化模型的流域初始二维水权耦合配置[J].中国人口·资源与环境.2012(10):26-34.

⑥ 张丽娜,吴凤平,贾鹏.基于耦合视角的流域初始水权配置框架初析:最严格水资源管理制度约束下[J].资源科学,2014(11):2240-2247.

⑦ Cai X,Ringler C,Rosegrant M.Modeling water resources management at the basin level—methodology and application to the maipo river basin[R].Washington D.C.:International Food Policy Research Institute,2006.

⑧ Condon L E,Maxwell R M.Implementation of a linear optimization water allocation algorithm into a fully integrated physical hydrology model[J].Advances in Water Resources,2013,60:135-147.

⑨ Bazargan-Lari M R,Kerachian R,Mansoori A.A conflict resolution model for the conjunctive use of surface and groundwater resources that considers water quality issues:a case study[J].Journal of Environmental Management,2009,43(3):470-482.

⑩ Kerachian R,Fallahnia M,Bazargan-Lari M R,et al.A fuzzy game theoretic approach for groundwater resources management:application of rubinstein bargaining theory [J].Resources,Conservation and Recycling,2010,54(10):673-682.

⑪ Zhang W,Wang Y,Peng H,et al.A coupled water quantity-quality model for water allocation analysis[J].Water Resources Management,2010,24(3):485-511.

⑫ Read L,Madani K,Inanloo B.Optimality versus stability in water resource allocation [J].Journal of Environmental Management,2014,133(15):343-354.

⑬ Wang L,Fang L,Hipel K W.Mathematical programming approaches for modeling water rights allocation[J].Journal of Water Resources Planning and Management,2007,133(1):50-59.

⑭ Wang L,Fang L,Hipel K W.Basin-Wide cooperative water resources allocation[J].European Journal of Operational Research,2008,190(3):798-817.

水资源管理制度的要求,现有配置理论一方面缺乏对水量、水质、效率等核心要素的综合考虑;另一方面缺乏对初始水权配置过程中不确定性、非线性等变化特征的客观揭示。鉴于省区初始水权配置是政府(中央政府或流域管理机构)主导下的配置模式,政府.Agent的信息获取及执行能力优势可充分展现其强互惠特性,可通过理性的制度安排,综合考虑配置的核心要素及不确定影响,将那些对各省区 Agent 有共享意义的利益诉求达成共识的行为规范。其中,共享意义代表可分配水资源量,利益诉求代表各省区的用水需求。耦合过程是一个适应性学习过程,通过量质耦合使省区初始水权的配置主体相互配合、互相适应,缓解水环境危机,提高水权配置结果的科学性和实用性。

针对上述问题,本文以政府强互惠(governmental strong reciprocator,GSR)理论为基础,借鉴二维初始水权配置理念(统一考虑水量与水质),基于耦合的视角,结合区间数理论,利用强互惠者政府 Agent 在省区初始水权配置系统中的特殊地位和作用,通过“奖优罚劣”的强互惠措施设计,构建基于 GSR 理论的省区初始水权量质耦合配置模型,并以太湖为例进行实例分析。

二、建模基础

(一) 省区初始水权量质耦合配置的基本原则

省区初始水权量质耦合配置是指以中央政府或流域管理机构为主,省区人民政府参与的民主协商形式为辅,基于“奖优罚劣”的原则,将水质的影响耦合叠加到水量配置。基于此,确定省区初始水权量质耦合配置原则如下:①政府主导、民主协商原则。耦合配置过程应坚持政府的主导地位。政府在维护各省区公共用水利益、公共用水意志和公共用水权力方面具有强制性,可保障配置结果的公平性和可操作性[①];水资源开发、利用、节约和保护都具有很强的外部性,耦合配置离不开政府的调控和监督。同时,耦合配置也必须体现省区人民政府民主参与协商的原则,以反映各省区的用水意愿和主张,提高配置结果的满意度。②“奖优罚劣”原则。各省区在享受政府配置的初始水量权和排污权的同时,要履行保护水环境甚至减排水污染物的义务,将水资源利用的外部性内化到水量的配置上,对超标排污“劣省区”采取水量折减惩罚手段,对未超标排污的“优省区”施予水量奖励安排。

(二) GSR 理论及其适用性分析

GSR 理论的发展历程、理论要点及其适用性分析,见表1。

---

① 李晶.中国水权[M].北京:知识产权出版社,2008.

表 1　GSR 理论及适用性分析

类别	GSR 理论及其适用性分析
理论的提出及理论要点	20 世纪 80 年代,Santa Fe Institute 的经济学家们将愿意出面惩罚不合作个体,以保证社群有效治理的群体成员称为"强互惠者"。强互惠者强调合作的对等性,积极惩罚不合作个体,哪怕自己付出高昂的代价①。Gintis 指出强互惠者积极惩罚卸责者所表现的强硬作风使合作得以维系。同时,一个群体中只要存在一小部分的强互惠者,就足以保持群体内大部分是利己的和小部分是利他的两种策略的演化均衡稳定②。在此基础上,王覃刚指出 GSR 理论要点是政府型强互惠者可通过制度的理性设计,利用合法性权力对卸责者给予有效的强制惩罚,以维持合作秩序和体现群体对共享意义的诉求③
在水资源管理中的应用	王慧敏等和牛文娟等首次将 GSR 理论应用在水资源管理中,设计基于 GSR 理论的漳河流域跨界水资源冲突水量协调方案④⑤
适用性分析	根据"奖优罚劣"原则,应对超标排污的不合作省区以减少水量权的方式进行利他惩罚,对未超标排污的合作省区以增加水量权的方式进行奖赏,而 GSR 理论指出政府 Agent 对不合作省区 Agent 给予强制惩罚,对合作的省区 Agent 设计强互惠措施,表达了对违反水污染物入河湖总量控制制度的行为的纠正和对合作秩序的维持,政府 Agent 的行为能力及合法性优势使得其强互惠特性得以充分展现,正因为这样的强互惠者政府 Agent 的固定存在,那些被共同认知到的对于初始水权配置具有共享意义的合作与利他等规范才能被制度化,进而实现水资源的高效配置

(三) 基本假设

面向最严格水资源管理制度的约束,考虑到省区初始水权配置具有敏感性、复杂性和不确定性等特点,做出如下假设。

基本假设 1:共享意义是各省区关于水权的利益诉求和"奖优罚劣"意义体系的复合体。流域的行政区划分属至少两个省区,各省区的用水利益与意义体系趋于多元化,因而共享意义不是单一的构成,而是各省区关于水权的利益诉求和"奖优罚劣"意义体系的复合体。

基本假设 2:各省区对共享意义体系的理解具有差异性。作为有限理性的流域内各省区,都是根据自身对信息的依赖追求用水利益的最大化,选择利己的用水策略,导致各省区对水权的利益诉求和"奖优罚劣"意义体系产生不同的理解。

---

①　Gintis H,Bowles S,Boyd R,et al.Explaining altruistic behavior in humans[J].Evolution and Human Behavior,2003,24(3):153-172.

②　Gintis H.Strong reciprocity and human sociality[J].Journal of Theoretical Biology,2000,206:169-179.

③　王覃刚.制度演化:政府型强互惠模型[D].武汉:华中师范大学,2007.

④　王慧敏,于荣,牛文娟.基于强互惠理论的漳河流域跨界水资源冲突水量协调方案设计[J].系统工程理论与实践,2014,34(8):2170-2178.

⑤　牛文娟,王伟伟,邵玲玲,等.政府强互惠激励下跨界流域一级水权分散优化配置模型[J].中国人口·资源与环境,2016,26(4):148−157.

三、基于 GSR 理论的省区初始水权量质耦合配置模型的构建

政府强互惠者配置省区初始水权的制度安排(IA),就是中央政府或流域管理机构通过一个设计(g),包括各省区对可配置水量的差别化共享规则的设计及基于"奖优罚劣"原则的强互惠制度设计,统筹协调用水总量控制制度和水功能区限制纳污制度,嵌入用水效率控制约束,将水质影响耦合叠加到水量配置,获得省区初始水权量质耦合配置方案。其中,将量质配置省区初始水权的共识(共享意义,comsign)进行规范化的过程,记为 $IA = g(comsign)$。

(一) 各省区对可配置水量的差别化共享规则的设计

设规划年 t 政府 Agent 设计的体现省区初始水权量质耦合配置共识的初步制度安排为 $IA_t = g_t(comsign)$,该制度安排应充分体察每一个省区 i 在规划年 t 对水量权的利益诉求(Int_{it}),按比例系数 λ_{it} 将可分配水资源量 $W_t^{P_0}$ 配置给各省区,表示为

$$IA_t = g_t(comsign)$$
$$= \sum_{i=1}^{m} Int_{it} = \sum_{i=1}^{m} \lambda_i W_t^{P_0} \tag{1}$$

式中:$i = 1, 2, \cdots, m$;$t = 1, 2, \cdots, T$;m、T 分别为配置省区、时间样本点的总数。

规划年 t 比例系数 λ_{it} 的确定是一项复杂的系统工程,需兼顾制度上的敏感性、技术上的复杂性及省区的差异性。由于利用多情景约束下省区初始水量权差别化配置模型[①],可计算获得,分情景以区间数形式表示的流域内各省区的水量权配置比例区间量,该配置结果可反映用水效率控制约束的强弱,处理配置过程中存在的各种不确定信息,同时,区间数表示配置比例可更好地表达各省区对水量权的利益诉求和共享意义。

需要注意的是,与文献①中的可配置水量的确定不同之处在于,本文是基于生活饮用水、生态用水优先保障原则,确定可分配水资源量(扣除各省区生活饮用水、生态环境用水权总量)。其中,采用生活饮用水定额法确定省区生活饮用水权量,采用生态环境用水分类计算组合法计算省区生态用水权量[②]。基于此,本文利用差别化配置模型确定省区初始水量权配置比例区间,记为 $\tilde{\omega}_{itsr}^{\pm}$,$s_1$、$s_2$ 和 s_3 分别表示用水效率控制约束情景 WECS1、WECS2 和 WECS3。结合以上分析,在用水效率控制约束情景 s_r 下,规划年 t 强互惠政府设计的体现省区用水利益诉求的初步制度安排式(1)可变形为

$$IA_{tsr} = g_{tsr}(comsign)$$
$$= \sum_{i=1}^{m} [\tilde{\omega}_{itsr}^{-} \cdot W_t^{P_0}, \tilde{\omega}_{itsr}^{+} \cdot W_t^{P_0}] \tag{2}$$

① 张丽娜,吴凤平,张陈俊.用水效率多情景约束下省区初始水量权差别化配置研究[J].中国人口·资源与环境,2015,25(5):122-130.

② 王浩,党连文,谢新民.流域初始水权分配理论与实践[M].北京:中国水利水电出版社,2008.

（二）基于"奖优罚劣"原则的强互惠制度设计

1. 针对超标排污"劣省区"设计水量折减惩罚手段

（1）水污染物的综合污染当量区间数的构造

由于流域须严格控制的入河湖污染物并不是单一的,故在判别一个省区的污染物排放是否超标时,需要综合考虑多个污染物的排放对水环境的叠加影响。因此,本文借鉴水、大气、噪声等污染治理平均处理费用法,引入水污染的污染当量数的概念[①],核算流域入河湖主要污染物的综合污染当量数,度量其对流域水环境的综合影响。

水污染当量值是以水中 1 kg 最主要污染物 COD 为一个基准污染当量,再按照其他水污染物的有害程度、对生物体的毒性以及处理的相关费用等进行测算,并与 COD 进行比较。一般水污染物 d 的污染当量数的计算公式[①]为

$$水污染物\ d\ 的污染当量数（WPU_d）=\frac{水污染物\ d\ 的排放量（WP_d）}{水污染物\ d\ 的污染当量值（WPV_d）} \quad (3)$$

式中:一般水污染物污染当量值的量化值,见《污水综合排放标准》（GB 8978—2002）;$d=1,2,\cdots,D$。

（2）水量折减惩罚系数函数的构造

1）借鉴将流域内区域超标排污量反映到水量配置折减上的"超标排污惩罚系数函数"的构造思想[②],利用张兴芳等提出的心态指标在二元区间数上的推广成果[③][④],描述强互惠政府对超标排污"劣省区"采用惩罚手段的心态,构建水量折减惩罚系数函数。设单调递减区间函数 $\psi(v^\pm)$,定义域为 $v^\pm \in I(R)\times I(R)$,$I(R)$ 为全体二元区间数的集合,值域为 $\psi(v^\pm)\in[0,1]\times[0,1]$,若 $v^\pm\in(0,+\infty)\times(0,+\infty)$,则 $\psi(v^\pm)\in(0,1)\times(0,1)$;若 $v^\pm\notin(0,+\infty)\times(0,+\infty)$,则 $\psi(v^\pm)=[0,0]$。在减排情形 h 下,规划年 t 省区 i 的水量折减综合惩罚系数函数可描述为

$$\begin{cases} f_{\eta_{iht}^\pm}(\zeta)=E_{\eta_{iht}^\pm}+(2\zeta-1)W_{\eta_{iht}^\pm}; \\ \eta_{iht}^\pm=\sum_{k=1}^{K}\sigma_k\cdot\kappa_{ihtk}^\pm; \\ \kappa_{ihtk}^\pm=1-\psi(WPU_{ith}^\pm/WPU_{itk}^\pm); \\ i=1,2,\cdots,m;t=1,2,\cdots,T;h=1,2,\cdots,H;k=1,2,\cdots,K. \end{cases} \quad (4)$$

式中:$\eta_{iht}^\pm$ 为减排情形 h 下规划年 t 省区 i 的水量综合折减区间数;$f_{\eta_{iht}^\pm}:[0,1]\to[\eta_{iht}^-,\eta_{iht}^+]$ 是定义域 $[0,1]$ 上的水量折减惩罚系数函数,$\zeta\in[0,1]$ 表示决策者的心态指标,$E_{\eta_{iht}^\pm}=(\eta_{iht}^-+\eta_{iht}^+)/2$ 为 $\eta_{iht}^\pm$ 的期望值,$W_{\eta_{iht}^\pm}=(\eta_{iht}^+-\eta_{iht}^-)/2$ 为 $\eta_{iht}^\pm$ 的宽度;当决策者的心态指标 $\zeta=0$ 时,$f_{\eta_{iht}^\pm}(\zeta)=\eta_{iht}^-$,则称 ζ 为下限指标,表示强互惠政府在设计水量折减惩罚手段时持悲观心态,即强互惠政府会设计苛刻的手段措施对超标排污"劣省区"进行水量折减惩罚;当 $\zeta=$

① 宗良纲.环境管理学[M].北京:中国农业出版社,2005.
② 王宗志,胡四一,王银堂.基于水量水质的流域初始二维水权分配模型[J].水利学报,2010,39(5):524-530.
③ 张兴芳,管恩瑞,孟广武.区间值模糊综合评判及其应用[J].系统工程理论与实践,2001,21(12):81-84.
④ 胡启洲,张卫华.区间数理论的研究及其应用[M].北京:科学出版社,2010.

1 时，$f_{\eta_{iht}^{\pm}}(\zeta)=\eta_{iht}^{+}$，则称 ζ 为上限指标，强互惠政府在设计水量折减惩罚手段时持乐观心态，即面向最严格水资源管理制度的约束，强互惠政府会设计严格的手段措施对超标排污"劣省区"进行水量折减惩罚；当 $\zeta=0.5$ 时，$f_{\eta_{iht}^{\pm}}(\zeta)=E_{\eta_{iht}^{\pm}}$，则称 ζ 为中限指标，强互惠政府在设计水量折减惩罚手段时持中庸心态，即强互惠政府会设计适中的手段措施对超标排污"劣省区"进行水量折减惩罚。

2）鉴于利用 ITSP 配置模式[①]，可分类确定不同减排情形 h 下的配置方案，设利用该方法计算获得的配置区间量为初始排污权配置基准量，即规划年 t 省区 i 关于污染物 d 的初始排污权配置区间量 $WP_{idth}^{\pm}$。将省区内各种污染物的排放量按污染当量值换算成污染当量数，再累加所有的污染当量数，根据式（3），得规划年 t 省区 i 排放的 D 种污染物的总污染当量数

$$WPU_{ith}^{\pm}=\sum_{d=1}^{D}WP_{idth}^{\pm}/WPV_d \tag{5}$$

目前，从理论研究的角度看，可供选择的省区初始排污权配置的比较基准主要分为两大类[②]：非经济因子配置（人口配置模式、面积配置模式、改进现状配置模式）和经济因子配置（排污绩效配置模式）。设 $k=1,2,3,4$ 分别代表四种比较基准配置模式——人口配置模式、面积配置模式、改进现状配置模式和排污绩效配置模式。$\kappa_{ihtk}^{\pm}$ 为对应于第 k 项比较基准的减排情形 h 下规划年 t 省区 i 的水量折减区间数；σ_k 为基于层次分析法（analytic hierarchy process，AHP）法[③]确定的第 k 项比较基准的权重，理由是 AHP 法是一种定性与定量相结合的实用的权重确定方法，尤其在处理涉及经济、社会等难以量化的影响因素权重确定方面，具有不可替代的优势。

3）$\psi(\nu^{\pm})$ 为超标排污水量折减惩罚系数函数；$WPU_{ith}^{\pm}$ 为减排情形 h 下规划年 t 省区 i 的污染物的综合污染当量区间数；$WPU_{itk}^{\pm}$ 为基于第 k 项比较基准规划年 t 省区 i 所配置的污染物的综合污染当量区间数，结合式（3），可知

$$WPU_{itk}^{\pm}=\sum_{d=1}^{D}WP_{idtk}^{\pm}/WPV_d \tag{6}$$

式中：$WP_{idtk}^{\pm}$ 为基于第 k 项比较基准配置量；WPV_d 为水污染物 d 的污染当量值。

（3）水量折减惩罚手段的设计

强互惠政府对于水量折减惩罚手段的设计，分以下两种情形：

1）若 $f_{\eta_{iht}^{\pm}}(\zeta)\in[0,1)$，该省区被称为超标排污的"劣省区"，则强互惠政府将以乘于系数 $f_{\eta_{iht}^{\pm}}(\zeta)$ 的方式，对用水效率控制约束情景 s_r 下，规划年 t 省区 i 已获得的初始水量权配置区间量 $\tilde{\omega}_{itsr}^{\pm}\cdot W_t^{P0}$ 进行折减，即

$$(W_{itsr}^{\pm})_{\text{折减后}}=f_{\eta_{iht}^{\pm}}(\zeta)\cdot\tilde{\omega}_{itsr}^{\pm}\cdot W_t^{P0} \tag{7}$$

2）若 $f_{\eta_{iht}^{\pm}}(\zeta)=1$，该省区被称为未超标排污的"优省区"，则强互惠政府无需对该省区 i 已获得的初始水量权配置区间量 $\tilde{\omega}_{itsr}^{\pm}\cdot W_t^{P0}$ 进行折减，应该对其以增加水量权配置

① 张丽娜，吴凤平，王丹.基于纳污能力控制的省区初始排污权 ITSP 配置模型[J].中国人口·资源与环境，2016,26(8):88-96.

② 于术桐，黄贤金，程绪水，等.流域排污权初始分配模式选择[J].资源科学，2009(7):1175-1180.

③ 尹明万，于洪民，等.流域初始水权分配关键技术研究与分配试点[M].北京:中国水利水电出版社，2012.

量的方式进行奖励。基于"奖优罚劣"原则配置省区初始水权的共享意义进行规范化的过程,式(2)可进一步表述为

$$IA_{thsr} = \sum_{i=1}^{m} [(W_{itsr}^{\pm})_{折减后} + (W_{itsr}^{\pm})_{折减量}]$$

$$= \sum_{i=1}^{m} \{f_{\eta_{iht}^{\pm}}(\zeta) \cdot \tilde{\omega}_{itsr}^{\pm} \cdot W_t^{P0} + [1 - f_{\eta_{iht}^{\pm}}(\zeta)] \cdot \tilde{\omega}_{itsr}^{\pm} \cdot W_t^{P0}\} \qquad (8)$$

2. 针对未超标排污的"优省区"设计水量奖励的强互惠措施

将流域内各省区进行重新排序,不妨设未超标排污"优省区"的集合为 $L = \{L_1, L_2, \cdots, L_{l_1}\}$,超标排污"劣省区"的集合为 $L = \{L_{l_1+1}, L_{l_1+2}, \cdots, L_m\}$。强互惠政府设计施予水量奖励安排的强互惠措施,即强互惠政府确定水量奖励比例系数 ϑ,按比例系数 ϑ 将规划年 t 处于用水效率控制约束情景 s_r 和减排情形 h 下的流域总折减水量

$$(IA_{thsr})_{总折减量} = \sum_{i=l_1+1}^{m} (W_{itsr}^{\pm})_{折减量} = \sum_{i=l_1+1}^{m} [1 - f_{\eta_{iht}^{\pm}}(\zeta)] \cdot \tilde{\omega}_{itsr}^{\pm} \cdot W_t^{P0} \qquad (9)$$

以水量奖励的方式配置给各"优省区"的过程,其中,$0 \leqslant \vartheta \leqslant 1$。该值的大小取决于强互惠政府鼓励水污染物减排和开展水环境保护的态度,ϑ 越接近于 1,表明强互惠政府的态度越积极;ϑ 越接近于 0,表明强互惠政府的态度越消极。分以下两种情形予以确定:

1) 强互惠政府完全依靠其强互惠优势,确定将 $(IA_{thsr})_{总折减量}$ 奖励分配给各"优省区"的比例向量 $\vartheta = (\vartheta_1, \vartheta_2, \cdots, \vartheta_{l_1})$,$\sum_{i=1}^{l_1} \vartheta_i = 1, 0 \leqslant \vartheta_i \leqslant 1$。由于量质耦合配置秉守"政府主导、民主协商"原则,故对此情形不做深入探讨。

2) 强互惠政府在依靠其强互惠优势的同时,尊重各个省区的建议,即中央政府或流域管理机构,与各省区进行群体协商,共同参与协商制定水量奖励措施,以体现各省区的用水意愿和主张,实现民主参与。根据政府主导、民主协商的量质耦合配置原则,确定将 $(IA_{thsr})_{总折减量}$ 奖励分配给各"优省区"的比例向量,不妨也设为 $\vartheta = (\vartheta_1, \vartheta_2, \cdots, \vartheta_{l_1})$,$\sum_{i=1}^{l_1} \vartheta_i = 1, 0 \leqslant \vartheta_i \leqslant 1$。在此情形下,式(8)可变形为

$$IA_{thsr} = \sum_{i=1}^{l_1} [\tilde{\omega}_{itsr}^{\pm} \cdot W_t^{P0} + \vartheta_i \cdot (IA_{thsr})_{总折减量}] + \sum_{i=l_1+1}^{m} f_{\eta_{iht}^{\pm}}(\zeta) \cdot \tilde{\omega}_{itsr}^{\pm} \cdot W_t^{P0} \qquad (10)$$

3. 省区初始水权量质耦合配置模型的构造

综上可知,通过一个制度安排(IA)耦合省区初始水量权与省区初始排污权的配置结果,即结合减排情形 h 下的排污权配置方案 Q_h,及用水效率控制约束情景 s_r 下的水量权配置方案 P_r,耦合为减排情形 h 和用水效率控制约束情景 s_r 下省区初始水权量质耦合配置方案 PQ_{rh}。综上分析,规划年 t 流域内各省区的初始水权量质耦合配置区间量的计算公式如下:

$$W_{thsr}^{\pm} = (W_{1thsr}^{\pm}, W_{2thsr}^{\pm}, \cdots, W_{l_1 thsr}^{\pm}, W_{(l_1+1)thsr}^{\pm}, \cdots, W_{mthsr}^{\pm})$$

$$s.t. \begin{cases} W_{ithsr}^{\pm} = \tilde{\omega}_{itsr}^{\pm} \cdot W_t^{P0} + \vartheta_i \cdot (IA_{thsr})_{总折减量} + W_{it}^{L} + W_{it}^{E}, & i = 1, 2, \cdots, l_1; \\ W_{ithsr}^{\pm} = f_{\eta_{iht}^{\pm}}(\zeta) \cdot \tilde{\omega}_{itsr}^{\pm} \cdot W_t^{P0} + W_{it}^{L} + W_{it}^{E}, & i = l_1+1, l_1+2, \cdots, m; \\ h = 1, 2, \cdots, H; t = 1, 2, \cdots, T; r = 1, 2, 3. \end{cases} \qquad (11)$$

式中：$W_{thsr}^{\pm}$ 为减排情形 h 和用水效率控制约束情景 s_r 下规划年 t 量质耦合配置区间向量；$W_{ithsr}^{\pm}$，$i=1,2,\cdots,l_1$ 为未超标排污的"优省区"的量质耦合配置区间量，亿立方米；$W_{ithsr}^{\pm}$，$i=l_1+1,l_1+2,\cdots,m$ 为超标排污的"劣省区"的量质耦合配置区间量，亿立方米；$\tilde{\omega}_{its}^{\pm} \cdot W_t^{Po}$ 为省区 i 初始水量权配置区间量，亿立方米；ϑ_i 为将流域总折减水量$(\mathrm{IA}_{thsr})_{总折减量}$奖励配置给各"优省区"的比例系数，$\sum_{i=1}^{l_1}\vartheta_i=1$，$0\leqslant\vartheta_i\leqslant1$；$f_{\eta_{iht}}^{\pm}(\zeta)\in[0,1]$ 为省区 i 水量折减惩罚系数函数值；W_{it}^{L} 为省区 i 的生活饮用水初始水量权，亿立方米；W_{it}^{E} 为省区 i 的河道外生态初始水量权，亿立方米。

四、实 例 分 析

（一）数据的收集与处理

太湖流域在我国七大流域中水资源相对丰富，但面向承载上海市、江苏省、浙江省等经济较发达区域经济社会发展的用水需求，流域的水资源和水环境承载力表现出严重不足。面向最严格水资源管理制度的要求，太湖流域迫切需要加强水资源权属管理，做好省区初始水权配置工作。根据太湖流域水资源条件和《太湖流域水资源规划（2012～2030）》（简称《规划》）的相关成果，针对 75% 来水频率的条件下，核定规划年 2020 年流域河道外取水许可总量控制指标为 339.9 亿立方米（包括各省区直接引江水量）。本文主要通过《2003～2012 年太湖流域及东南诸河水资源公报》《2000～2012 年中国水资源公报》以及调研等方式获取历年数据，通过《规划》《太湖流域水量分配方案研究技术报告（2012）》等获取 2020 年的预测数据。省区初始水量权差别化配置指标值见表 2。

表 2 省区初始水量权差别化配置指标值

配置指标	江苏省	浙江省	上海市	统计年份
现状用水量/亿立方米	188.2	51.4	109.7	2012
人均用水量/立方米	0.52	0.52	0.72	2012
亩均用水量/立方米	14.00	12.10	10.80	2012
人口数量/万人	2453.31	1165.07	2296.01	2012
区域面积/平方千米	19 399	12 093	5178	2012
多年平均径流量/亿立方米	66.00	72.80	20.10	2000～2012
多年平均供水量/亿立方米	164.57	59.40	112.10	2000～2012
人均需水量/立方米	778	612	668	2020
万元国内生产总值需水量/立方米	66	69	48	2020

（二）计算太湖流域各省区初始水权量质耦合配置区间量

1. 太湖流域各省区对可配置水量的差别化共享规则的设计

1）优先确定各省区的生活饮用水和生态用水的初始水量权。计算步骤如下：①按照城镇生活用水定额，计算确定 2020 年江苏省、浙江省和上海市的基本生活需水量分别为 17.4 亿立方米、10.0 亿立方米和 22.3 亿立方米。②结合《规划》预测成果，确定 2020 年各省区的河道外生态环境用水需求量分别为 0.9 亿立方米、0.3 亿立方米和 1.0 亿立方米。③确定 2020 年可分配水资源量。即扣除太湖流域各省区生活饮用水、生态环境用水权后的水资源总量 W_1^{Po} = 286.75 亿立方米。

2)利用差别化配置模型①,经计算得,用水效率控制约束情景下太湖流域各省区的初始水量权配置比例区间数及配置结果(表3)。结合各省区配置比例区间数,根据式(1)和式(2),初步安排确定太湖流域各省区的初始水量权共享规则。

表3 不同情景下 2020 年太湖流域省区初始水量权配置结果

行政分区	WECS1		WECS2		WECS3	
	配置比例/%	配置结果/亿立方米	配置比例/%	配置结果/亿立方米	配置比例/%	配置结果/亿立方米
江苏省	[49.04,50.82]	[158.93,164.02]	[47.77,49.53]	[155.27,160.33]	[47.52,51.34]	[154.57,165.51]
浙江省	[10.97,11.99]	[41.75,44.68]	[7.71,8.74]	[32.42,35.37]	[8.21,10.94]	[33.85,41.66]
上海市	[37.74,39.47]	[131.51,136.47]	[42.28,43.99]	[144.53,149.45]	[39.24,42.88]	[135.81,146.27]

2. 基于"奖优罚劣"原则的强互惠制度设计

按照人口配置模式、面积配置模式、改进现状配置模式和排污绩效配置模式,依次获得 2020 年各省区关于水污染物 COD、NH_3-N 和 TP 的初始排污权配置区间量(表4)。

表4 不同配置模式下的 2020 年太湖流域省区初始排污权配置方案 (单位:吨/年)

项目	行政分区	COD 排污权量	NH_3-N 排污权量	TP 排污权量
人口配置模式	江苏省	[145 703.05,162 896.44]	[13 667.26,14 328.39]	[1 937.35,2 152.61]
	浙江省	[105 210.38,117 625.51]	[9 868.96,10 346.36]	[1 398.93,1 554.37]
	上海市	[142 659.61,159 493.87]	[13 381.78,14 029.10]	[1 896.88,2 107.64]
面积配置模式	江苏省	[208 206.26,232 775.21]	[19 530.20,20 474.94]	[2 768.42,3 076.02]
	浙江省	[129 792.17,145 108.03]	[12 174.79,12 763.72]	[1 725.79,1 917.54]
	上海市	[55 574.62,62 132.59]	[5 213.02,5 465.19]	[738.95,821.06]
改进现状配置模式	江苏省	[140 993.06,157 630.65]	[14 405.54,15 102.39]	[2 163.29,2 403.65]
	浙江省	[142 204.79,158 985.37]	[14 964.39,15 688.27]	[1 926.10,2 140.11]
	上海市	[110 375.20,123 399.80]	[7 548.07,7 913.19]	[1 143.77,1 270.85]
排污绩效配置模式	江苏省	[150 626.44,189 389.07]	[10 863.85,14 643.13]	[1 723.04,2 428.65]
	浙江省	[25 749.88,36 044.24]	[1 743.31,2 838.53]	[260.71,449.46]
	上海市	[195 403.24,239 443.14]	[20 656.42,25 182.45]	[2 710.75,3 556.22]

注:按照内参数两阶段随机规划(internal-parameter two-stage stochastic programming,ITSP)配置模式,计算获得太湖流域各省区初始排污权配置区间量结果②。

---

① 张丽娜,吴凤平,张陈俊.用水效率多情景约束下省区初始水量权差别化配置研究[J].中国人口·资源与环境,2015,25(5):122-130.

② 张丽娜,吴凤平,王丹.基于纳污能力控制的省区初始排污权 ITSP 配置模型[J].中国人口·资源与环境,2016,26(8):88-96.

参照《污水综合排放标准》(GB 8978—2002)可知,COD、NH₃-N 和 TP 的污染当量值 1.00 千克、0.80 千克和 0.25 千克,根据一般污染物计算式(3),计算 COD、NH₃-N 和 TP 的污染当量数,分别累加得各省区的水污染物综合污染当量数(表5)。

表5　不同配置模式下的 2020 年太湖流域省区初始排污权量的综合污染当量数　(单位:千克)

项目	江苏省	浙江省	上海市
人口配置模式	[167 094.05,185 593.76]	[124 603.50,138 398.90]	[168 955.64,187 661.46]
面积配置模式	[243 692.70,270 672.98]	[151 913.80,168 732.84]	[65 046.69,72 248.30]
改进现状配置模式	[167 653.14,186 123.25]	[168 614.69,187 156.16]	[124 385.36,138 374.70]
排污绩效配置模式	[171 098.40,217 407.56]	[28 971.86,41 390.25]	[232 066.77,285 146.08]

结合文献①省区初始排污权的配置结果,根据一般污染物计算式(3),可计算不同减排情形下各省区的关于 COD、NH₃-N 和 TP 的初始排污权量的综合污染当量数,计算结果见表6。

表6　不同减排情形下的 2020 年太湖流域省区初始排污权量的综合污染当量数　(单位:千克)

减排情形	江苏省	浙江省	上海市
减排情形 $h=1$(减排责任大)	[183 706.43,229111.29]	[129 310.95,130 791.23]	[149 579.82,150 917.49]
减排情形 $h=2$(减排责任中)	[183 517.35,229 265.25]	[128 814.43,130 864.50]	[150 195.83,151 062.14]
减排情形 $h=3$(减排责任小)	[182 606.43,229 212.50]	[128 666.28,130 901.63]	[149 589.59,151 312.51]

结合表5和表6中的数据,鉴于太湖流域管理机构严格控制污染物入河湖排放量的态度,综合考虑专家意见,取决策者的心态指标 $\zeta=1$。基于 AHP 法确定表5中四种排污权配置模式的权重为 0.30,0.19,0.20 和 0.31,根据式(4),计算减排情形 $h=1$ 时,江苏省、浙江省和上海市的超排惩罚系数分别为 0.8564,1.0000,和 0.8340。同理,当 $h=2$ 时,各省区的超排惩罚系数分别为 0.8563,1.0000 和 0.8332;当 $h=3$ 时,各省区的超排惩罚系数为 0.8560,1.0000 和 0.8320。将水质影响叠加到水量配置,不同情形下的超排惩罚系数依次代入式(8),太湖流域管理机构依此设计超排惩罚手段,对江苏省和上海市的生产用水权进行折减。同时,太湖流域管理机构对未超标排污的浙江省开展水量奖励的强互惠措施安排,将江苏省和上海市的折减水量作为奖励,按比例系数 ϑ 分配给浙江省。结合太湖流域的水资源与水环境的发展变化状况,鉴于太湖流域管理机构贯彻落实最严格水资源管理制度,严格控制污染物入河湖量的决心与态度,取 $\vartheta=0.95$。

3. 太湖流域省区初始水权量质耦合配置结果的分析

基于以上计算结果,根据式(11),确定不同约束情景和减排情形下的太湖流域省区初始水权量质耦合配置方案(表7)。

---

　　① 张丽娜,吴凤平,王丹.基于纳污能力控制的省区初始排污权 ITSP 配置模型[J].中国人口·资源与环境,2016,26(8):88-96.

表7　基于 GSR 理论的 2020 年太湖流域省区初始水权量质耦合配置方案　　（单位：亿立方米）

用水效率控制约束情景	行政区划	减排情形 $h=1$（减排责任大）	减排情形 $h=2$（减排责任中）	减排情形 $h=3$（减排责任小）
WESC1（弱约束）	江苏省	[132.67,137.03]	[132.71,137.07]	[132.72,137.08]
	浙江省	[70.00,74.19]	[69.88,74.06]	[69.81,73.99]
	上海市	[102.95,107.08]	[103.07,107.20]	[103.15,107.28]
WESC2（中约束）	江苏省	[135.55,137.03]	[135.59,137.07]	[135.60,137.08]
	浙江省	[61.07,64.88]	[60.95,64.75]	[60.88,64.68]
	上海市	[102.99,107.08]	[103.10,107.20]	[103.18,107.28]
WESC3（强约束）	江苏省	[134.95,137.03]	[134.99,137.07]	[135.00,137.08]
	浙江省	[61.67,71.17]	[61.55,71.04]	[61.49,70.97]
	上海市	[98.38,107.08]	[98.49,107.20]	[98.56,107.28]

1) 对比量质耦合配置结果与省区初始水量权差别化配置结果,即对比表 7 与表 3 的配置结果,可知:①将水质影响耦合到水量配置的影响是江苏省和上海市的初始水权配置区间量的折减。例如,在用水效率控制约束情景 WESC1 下,在受到不同减排情形 $h=1,2,3$ 的影响时,江苏省的初始水权配置区间量由[158.93,164.02]亿立方米折减为[132.67,137.03]亿立方米或[132.71,137.07]亿立方米或[132.72,137.08]亿立方米;上海市的初始水权配置区间量由[131.51,136.47]亿立方米折减为[102.95,107.08]亿立方米或[103.07,107.20]亿立方米或[103.15,107.28]亿立方米。在约束情景 WESC2 和 WESC3 下,在受到不同减排情形的影响时,也呈现相同的变化趋势。②将水质影响耦合到水量配置的影响是浙江省的初始水权配置区间量的增加。例如,用水效率控制约束情景 WESC1 下,在受到不同减排情形 $h=1,2,3$ 的影响时,浙江省的初始水权配置区间量由[41.75,44.68]亿立方米增加为[70.00,74.19]亿立方米或[69.88,74.06]亿立方米或[69.81,73.99]亿立方米。在约束情景 WESC2 和 WESC3 下,在受到不同减排情形 $h=1,2,3$ 的影响时,也呈现相同的变化趋势。配置结果调整的合理性分析如下:①基于"奖优罚劣"原则,应当适当折减江苏省和上海市的水量权,以奖励浙江省的减排行为。②太湖流域省区初始水权量质耦合配置结果,与水利部太湖流域管理局委托项目(2010 年)"太湖流域初始水权配置方法探索"提出的配置方案(江苏省 136.4 亿立方米,浙江省 58.4 亿立方米,上海市 124.0 亿立方米)相比,江苏省的配置区间量相近,浙江省的相比较多,上海市的相比较少。同时,配置结果之间的差异也正是水质影响水量配置的一种表现。

2) 从表 7 的配置结果可以看出,在同一用水效率控制约束情景下的量质耦合配置结果,在受到不同减排情形的影响时,呈现规律如下:不妨分析在约束情景 WESC1 下,各省区配置区间量在受到减排情形影响时的变化规律。①江苏省的配置区间量随着减排情形 $h=1,2,3$ 的改变而减少。在受到减排情形 $h=1,2,3$ 的影响时,江苏省的配置区间量呈递增趋势。②浙江省的配置区间量随着减排情形 $h=1,2,3$ 的改变而减少。在受到减排情形 $h=1,2,3$ 的影响时,浙江省的配置区间量呈递减趋势。③上海省的配置区间量随着

减排情形 $h=1,2,3$ 的改变而增加。在受到减排情形 $h=1,2,3$ 的影响时,上海市的配置区间量呈递增趋势。配置结果受减排情形影响而产生的变化规律的合理性分析如下:在减排情形 $h=1$ 时,与其他减排情形 $h=2,3$ 相比,2020 年太湖流域在水资源来水量较少和历年排污量较多的情形下,江苏省、浙江省和上海市存在较大的减排压力,同时,江苏省和上海市的超排惩罚系数也较大,浙江省的超排惩罚系数不变,导致江苏省和上海市的水量折减惩罚量较多,浙江省因此而得到的水量奖赏量也较多。因此,与其他减排情形 $h=2,3$ 相比,江苏省和上海市的初始水权配置区间量较少,浙江省的初始水权配置区间量较多。

五、结论及建议

(一) 结论

借鉴初始二维水权配置理念,以 GSR 理论为基础,结合区间数理论,根据"奖优罚劣"原则和政府主导及民主参与原则,利用中央政府或流域管理机构在省区初始水权量质耦合配置系统中的特殊地位和作用,通过一个制度设计,包括省区获取水量权的行为规则设计,以及基于"奖优罚劣"原则的强互惠制度设计,即对超标排污"劣省区"采取水量折减惩罚手段和对未超标排污的"优省区"施予水量奖励的强互惠措施安排,将水质影响耦合叠加到水量配置,构建基于 GSR 理论的省区初始水权量质耦合配置模型。通过案例研究,获得不同约束情景和减排情形下的 9 个太湖流域省区初始水权量质耦合配置方案,对其进行了合理性分析,并与仅考虑水量或用水效率控制的水量权配置方案进行对比分析,分析结果表明:基于"奖优罚劣"原则的量质耦合配置,应当适量折减江苏省和上海市的水量权,以奖励浙江省的减排行为,同时,配置结果的差异也正是水质影响水量配置的一种表现。在相同用水效率约束情景下,在受到减排情形的影响时,江苏省和浙江省的初始水权配置区间量随着减排情形的改变而减少,上海市的初始水权配置区间量随着减排情形的改变而增加。最后,在最严格水资源管理制度框架下,结合配置方案,提出促进太湖流域省区初始水权配置工作顺利开展的政策建议。

(二) 建议

结合太湖流域的水资源条件和区域经济特点,面向最严格水资源管理制度的约束,以太湖流域为例,提出应用省区初始水权量质耦合配置方法的相关政策建议。一是建议太湖流域管理机构能与各省区代表、水权配置专家小组协商,结合不同用水效率约束及减排情形,设计对超标排污的江苏省和上海市的水量惩罚政策,及对未超标排污的浙江省的水量奖励措施,建立政府强互惠下的奖惩制度,制定考核办法,考核结果作为综合考核评估省区政府相关领导的重要依据之一,以保障省区初始水权量质耦合配置成果的应用。二是建议太湖流域管理机构协调好各个职能部门之间的关系,以促进省区初始水权配置方案的顺利实施。三是建议太湖流域管理机构制定相应的《太湖流域水量调度管理办法》,明确水量调度原则、权限等内容,使省区初始水权配置方案有章可循。

社会资本视域下的流域府际合作治理机制研究[*]

嵇　雷^{**}

随着我国经济的高速增长,环境问题日益成为社会各界普遍关注的一个问题,其中,流域水污染因具有动态性、污染面广的特点使流域治理尤为困难。受流域自然整体性和流动性特点的影响,流域治理具有跨区域性。从长远来看,流域的上、中、下游所在的省份往往共享流域治理的收益,或者共担流域水污染的成本。然而,从短期来看,作为一种非排他性的公共物品,流域治理却存在"受益圈—受苦圈"^①分离的状况,这样,流域跨区域治理就成为一个世界性的难题。在这一难题当中,政治学主要研究流域治理的府际合作问题,但是根据《水法》《水污染防治法》和《环境保护法》的规定,我国的水环境管理体制采取流域管理和区域管理相结合的方式,形成了条块分割、多头管理、缺乏协调的碎片化管理体制。这一体制之下,区域行政管理部门之间缺乏合作的动力和压力,致使我国流域治理出现了价值整合、资源和权力结构的碎片化;政策制定与执行的碎片化。因此,流域府际合作治理成为理论研究和实践过程中亟待解决的领域。

社会资本是指"社会组织的特征,诸如信任、规范和网络,它们能够通过促进合作行为来提高社会效率"。研究表明,它能够"通过网络、关系和信任促进人与人之间、组织与组织之间的合作解决集体行动的困境"^②。同时,一项定量分析也表明,社会资本的积累有助于集体行动的发生,从而帮助政府实现其可持续发展目标^③。目前流域政府之间在流域治理方面难以达成良好的合作,从府际合作中宏观社会资本存在的形式与现状中可见一斑。本文试图在分析这一现状的基础上,诠释流域治理中府际合作的困境,由此从这一视角提出促进流域府际合作治理的机制和对策。

---

　* 基金项目:2015年国家社会科学基金重大项目"长江流域立法研究"(项目编号:15ZDB177)。本文原载于《宏观经济管理》2017年第4期。

　** 作者简介:嵇雷,湖北经济学院法学院副教授,湖北水事研究中心研究员。

　① 鸟越皓之.环境社会学:站在生活者的角度思考[M].宋金文,译.北京:中国环境科学出版社,2009.

　② 罗伯特·D·帕特南.使民主运转起来[M].王列,赖海榕,译.北京:中国人民大学出版社,2015.

　③ Emiko Kusakabe.Social capital networks for achieving sustainable development [J].Local Environment,2012,17(10):1043-1062.

一、流域府际合作治理中存在的社会资本形式与现状

政府层面的社会资本属于宏观社会资本,它存在于国家层面,表现为"正式的和非正式的社团组织以及国家和政府机构所形成的广泛的信用和合作关系以及网络关系"①。以下将从这三个层面分析流域府际合作治理中存在的社会资本形式与现状。

(一) 流域政府之间的信用关系

首先,信用是来自于重复交易产生的相互之间的信任。然而,由于"区域管理"体制的存在,横向的流域政府之间很少在流域治理方面有合作或者重复交易,这就无法直接建立彼此之间的信任。其次,信用还来自共同的价值观和治水理念。然而,流域政府在流域治理方面并未形成一致的价值观和理念,鉴于每个地区的发展理念并不相同,一个流域跨经多个地区,也就形成了利益取向的多元化。单个流域政府作为本地区的代言人,均以本地区的利益为准则独立地做出决策,而不是从整个流域发展的要求出发,更少有横向上的沟通。更有甚者,地方政府为了实现自身利益的最大化,在流域生态环境保护方面的理性选择是搭便车行为,同时从某种程度上忽视各自的流域污染行为,"最终结果就是熟知的'公地悲剧'——流域生态环境的退化②。"再次,信用关系还产生于双方有共同的预期收益与预期成本,如果双方在交易过程中的收益不能够大于成本的话,将很难产生合作与信任。流域政府在流域治理过程中各自有不同的预期收益与预期成本,由于彼此之间协作关系较少,受信息不对称的影响,很难在交易之前预见各自的收益和成本,也就很难建立起协同治理水环境的信任与合作。在具体的实践过程中,往往表现为相互猜忌、言重于行等现象。没有彼此间的信任,流域政府之间也就无法形成广泛的信用关系,合作治理也因此更加困难。

(二) 流域政府之间的合作关系

流域治理中流域政府之间合作关系的形成,主要来源于国家相关法律的规定。根据《中华人民共和国环境保护法》第二十条,除国家建立的跨行政区域的重点区域、流域环境污染和生态破坏联合防治协调机制以外的跨行政区域的环境污染和生态破坏的防治,"由上级人民政府协调解决,或者由有关地方人民政府协商解决。"因此,区域管理体制之下,流域政府之间的协商并不具有强制性,致使其并未形成一套制度化的议事和决策机制,合作制度化、组织化的程度较低。流域政府间就流域治理合作达成的共识基本停留在领导人的承诺上,缺乏法律效力,合作容易随着领导人的更换而消解。另外,政府间尚未建立稳定的合作平台。没有制度化的决策和议事机制,也就无法形成稳定的组织机构,协调性的联席会议协议往往容易在缺乏监督的情况下流于形式,增加了流域政府间的交易成本,从而使尚未建立起来的合作机制陷入恶性循环之中。

---

① 燕继荣.社会资本与国家治理[M].北京:北京大学出版社,2015.

② 李健,钟惠波,徐辉.多元小集体共同治理:流域生态治理的经济逻辑[J].中国人口·资源与环境,2013,2(12):26-31.

(三) 流域政府之间的网络关系

关系网络是社会资本存在的主要方式之一,此处以省级政府和市级政府为例说明流域治理中地方政府间的关系网络特点。假设一条河流经过 A 省的 A_1、A_2 两个市以及 B 省的 B_1、B_2 两个市,这两级地方政府的关系网络如图 1:

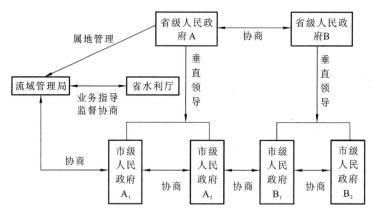

图 1　流域治理中的府际关系网络

从图 1 可以看出,流域政府之间的网络关系具有如下特点:①在关系强度方面,存在着以权威为基础的纵向政府之间的强关系以及以协商为基础的横向政府之间的弱关系。最早提出"弱关系假设"的 Granovetter 认为,"弱关系强度"现象表明,弱关系的作用更大,因为它充当着信息桥的角色[①]。然而,边燕杰在以此理论研究中国的相关问题时指出,社会网络在美国是信息桥,但在中国却是人情网,并提出"强关系假设",认为在中国强关系更容易建立彼此之间的义务关系、产生信任,即强关系更强[②]。图 1 表明,纵向政府之间关系较为密切,虽然是不对等的交往,但相互之间的信任度较高、责任-义务关系较为明确;横向政府之间关系往来比较少,也难以建立相互之间的信任关系和明确的权责关系。②在网络密度方面,有研究表明,"目前中国治水体系到了基层就基本处于放任状态,这说明网络中实际发生的关系数远远低于网络中的所有可能关系总量,所以网络密度为低密度[③]。"网络密度越高,双方之间沟通的信息越多,越容易建立合作与信任关系;反之,则很难建立合作与信任关系。

二、流域治理中府际合作的困境

世界经济合作与发展组织(OECD)在 2011 年已经看到,"水域危机通常主要是治理

---

① Granovetter M.The strength of weak ties [J].American Journal of Sociology,1973,78(6):33.

② 边燕杰,张文宏.经济体制、社会网络与职业流动[J].中国社会科学,2001,(2):77-89.

③ 刘戎.社会资本视角的流域水资源治理研究[D].南京:河海大学,2007.

危机"①。治理是"个人和组织管理公共事务的多种方式的集合"②,它需要一些非正式和正式的制度安排。因此,流域治理的原则、规范、规则和决策程序至关重要,从这一角度来看,府际合作中至少存在着问题困境、体制困境和进程困境。

(一) 问题困境:跨行政区域所带来的外部性与集体行动难题

作为公共物品,流域治理问题并不像其他公共问题一样容易解决,不但存在着外部性问题,而且还有集体行动难题。由于多数流域在行政区划方面都具有跨区域的特点,其"上、中、下游左、右岸结构"滋生了外部性问题。当上游地方政府实施某种环境政策并从中获益,而对由此造成的损害却没有补偿时,就产生了治理的负外部性(如筑坝取水或向上游水源排污的情况)。然而,另一方面,流域治理的正外部性却很少出现,例如河流上游流域政府主动治理污水,因为水污染治理的收益由河流所经过的所有行政辖区共享,而成本却由流域政府独自承担,难以得到补偿。

如果把流域政府看作理性经济人,一条河流所流经的整个区域看作一个整体的话,那么,流域政府便产生了集体行动逻辑:"除非一个集团中人数很少,或者除非存在强制或其他某些特殊手段以使个人按照他们的共同利益行事,有理性的、寻求自我利益的个人不会采取行动以实现他们共同的或集团的利益。"③这一逻辑表明,在流域治理方面,那些带来正外部性的行政行为,如对上游洪水的控制,或者共同治理水污染都会增加行动者的管理成本,但是收益却为所有区域共享。换言之,在奥尔森假设的前提下,流域政府不会为公共利益采取积极的行动,从而产生单个流域政府的理性策略导致集体非理性的结果。由此可见,跨界外部性问题和集体行动难题是导致流域政府之间难以产生合作的问题困境或者理论困境。

(二) 体制困境:地方政府集体行动的体制性障碍

解决集体行动困境的较好办法是"建立制度性机制,以保证理想的集体行动"④。然而,在我国流域治理的府际合作方面并未形成制度性机制。首先是制度根源上的症结——以区域行政管理为主的流域管理体制,这一症结使各流域政府在流域治理方面各自为政,只针对本行政区域内的水环境问题进行治理和保护,难以建立整体的预警机制和合作机制。同时,根据《中华人民共和国环境保护法》第十三条,"县级以上地方人民政府环境保护主管部门会同有关部门,根据国家环境保护规划的要求,编制本行政区域的环境保护规划,报同级人民政府批准并公布实施",在制定环境保护规划方面,地方政府其实拥有独立的行政管理权,这致使在环保标准、执行规范方面存在着地区性差异,并且可能导

① OECD.Water crises are often primarily governance crises [R]. 2011. http://www.oecd.org/gov/regional-policy/OECD-Programme-water-governance.pdf

② Commission on Global Governance.Our Global Neighborhood[R].1995.http://www.gdrc.org/u-gov/global-neighbourhood/chap1.htm

③ 奥尔森.集体行动的逻辑[M].陈郁,郭宇峰,李崇新,译.上海:上海三联书店,1995.

④ 罗伯特·D·帕特南.使民主运转起来[M].王列,赖海榕,译.北京:中国人民大学出版社,2015.

致污染企业为降低生产成本由环保标准较高的地区向较低地区的转移,从而引发区域之间的矛盾。

(三)进程困境:以权威为依托的等级制纵向协同模式

如何解决流域治理中产生的问题困境呢?在国际河流流域管理的研究中出现了"一种转向进程分析的趋势"[①]。笔者认为,这一趋势也适合研究一国之内跨行政区域的流域治理问题。这些"进程因素"被划分为两种:平衡激励结构的体制以及降低体制形成交易成本的措施[②]。与国际河流管理的激励结构不同,我国地方政府之间合作以解决流域治理的外部性和集体行动问题的症结并非来自于成本-收益的合理分担与共享,而是来自于对权威的高度依赖。有学者指出,我国跨部门协同的主导模式可归结为"以权威为依托的等级制纵向协同模式"[③]。在流域治理方面,流域政府的激励主要来自于上级部门的权威,或者是干部的考核指标。如果把这一纵向的责任关系称为"政治激励"的话,目前中央政府激励地方环境政策执行者的方式还包括"物质激励"和"道德激励",前者是采取"项目式"的公共财政支出模式,后者体现在对环境保护的心理和认知层面。然而,一项实证研究表明,目前这一激励结构是"倒错的,意味着中央政府更多地激励地方政府抵制或变通,而不是忠诚有效地执行中央的环境政策"[④]。更令人担忧的是,除了以上纵向激励结构自身的缺陷之外,我国目前普遍缺乏横向部门之间的协同激励。

那么,是否可以采取措施以降低流域政府之间合作机制形成的交易成本呢?从以上我国跨部门协同的主导模式来看,答案是否定的。这一主导模式的另一个特点是"信息的纵向流动",因为当两个平级的部门之间出现需要协调的事项或者冲突时,解决的办法通常是报由上级来决定。这样,信息主要集中于上级部门,直接的涉水管理部门无法获取更多的信息,"只有处在金字塔顶端的人才掌握足够的信息而做出熟悉情况的决定。"[⑤]

三、社会资本推动流域府际合作治理的机制和对策

如前所述,流域的府际合作治理过程中缺乏宏观的社会资本,那么如何从这些方面来推动合作呢?这就需要创造一些有利于信任、合作产生的条件,从博弈论和社会资本的角度来讲,这些条件包括:①重复交易:多次反复的行为互动是信任与互利合作产生的前提。②立足长远:交易双方能够耐心期待中长期收益(短期行为不容易产生信用行为)。③及

① Olav Schram Stoke.Regimes as governance systems[A]//Oran R Young.Global Governance:Drawing Insights from the Environmental Experience[C].Cambridge,MA:MIT Press,1997.

② 斯蒂凡·林德曼.国际河流流域管理的成败:南部非洲的案例[A]//马丁·耶内克,克劳斯·雅各布.全球视野下的环境管治:生态与政治现代化的新方法[C].济南:山东大学出版社,2012.

③ 周志忍,蒋敏娟.中国政府跨部门协同机制探析:一个叙事与诊断框架[J].公共行政评论,2013,6(1):91-117.

④ 冉冉.中国地方环境政治:政策与执行之间的距离[M].北京:中央编译出版社,2015.

⑤ 戴维·奥斯本,特德·盖布勒.改革政府:企业精神如何改革着公营部门[M].上海市政协编译组,东方编译组,编译.上海:上海译文出版社,1996.

时发现：信息传递快捷，能让不守信的行为及时被发现。④及时惩戒：不守信的行为能够得到及时有效的惩戒①。以下将综合这些条件从三个方面说明如何以社会资本解决流域府际合作治理中的问题困境、体制困境和进程困境。

（一）重建政府间的信用关系

政府间的信用体系源于彼此之间的信任与合作，而要建立政府间的信任与合作，除了制度保障外，要在宏观层面建立一种为各地方政府所共享的组织文化、认知、规范和价值观念等，这些认知性社会资本可以提供促进政府间合作行为和集体互利行动的"意识"，具有"产生互利的期望"的功能②。首先，立足长远，建立"共赢、协同"的治理理念。当下各流域政府在流域治理方面存在的"各扫门前雪"的治理理念实际上是一种短视的理念，只看到短期内本区域所承担的成本或者获得的收益，却忽略了流域作为一个整体给流经区域所带来的中长期收益。事实上，由于流域的流动性和整体性，其所经地方其实是一荣俱荣、一损俱损的关系。这就需要流域政府在流域治理过程中改变前述短视理念，把流域所流经地区看作一个整体，确立整体性区域公共事务的思维，以整体区域水环境治理为目标导向，树立自己的利益与他人利益"唇齿相依"的意识。"共享共荣的利益关系是流域政府进行协同的根本动因"③，也是产生合作的基础。其次，建立共同的规范和价值观念，以及时发现并惩戒不守信的行为。政府间的合作治理除了一致的目标和利益外，在具体的合作过程中还需要合作方能够及时地沟通信息，这样不但可以降低合作治理的成本，而且可以及时发现不守信者。同时，一旦发现不守信的行为，其他合作方应该能够建立一种对其进行整体性惩戒的价值观，如一个基层政府被发现具有投机行为后，其他基层政府都拒绝与其继续合作，这样就大大增加了不守信的机会成本。

（二）府际合作的制度化

流域治理府际合作的制度化面临着法律规范的不明确、执行中缺乏合作平台和合作机制、有法不依和执法不严等问题，要强加流域治理的府际合作，地方政府应当本着"成本共担、利益共享"的原则，从宏观法律层面到中观组织机构建设，从合作制度的建立到合作制度的执行方面，都要促进府际合作的制度化。

首先，以法律的形式确定制度化的合作行为。如前所述，目前我国法律对于政府间合作治理流域的相关规定止于"协商"二字，实质上并不具有可操作性，政府间合作往往流于形式。区域合作治理的法律法规有助于解决这一法律规范不明确所造成的协商无力、合作不足的状况。流域公共事务的有效治理有赖于两个层面的法律规范：一是国家层面以法律的形式对七大流域府际合作治理的规范和要求；二是为消除跨地区区域治理所存在的障碍，如成本分担的不合理、区域之间的合作壁垒等，制定相应的跨区域合作法律法规，

① 燕继荣.社会资本与国家治理[M].北京：北京大学出版社，2015.

② 诺曼·厄普霍夫.理解社会资本：学习参与分析及参与经验[A]//帕萨·达斯古普特，伊斯梅尔·撒拉格尔丁.社会资本：一个多角度的观点[C].张慧东等，译.北京：中国人民大学出版社，2005.

③ 王俊敏，沈菊琴.跨域水环境流域政府协同治理：理论框架与实现机制[J].江海学刊，2016(5)：214-219.

促进七大流域内各地区以法律手段来规范彼此之间的合作关系。

其次，建立促进府际合作的组织机构。法律仅仅是促进府际合作的前提，如果要落到实处，仍然需要建立相应的组织机构来保证合作的实现。虽然我国流域实行的是区域行政管理与流域管理相结合的方式，但是由于流域管理局接受水利部和所在地区政府的双重领导，在协调区域合作方面很难兼顾流域的整体性和区域利益，因此，通过自上而下以及同级流域政府协商建立相应的组织机构必不可少。一方面，可以由国务院牵头建立专门的流域管理委员会，解决原有流域管理机构权威不足的困境，协调全国的流域区域发展与合作问题。另一方面，可以借鉴美国的做法，"通过政府间协商，缔结州际河流协议，创建跨越多个州行政管辖区的州际河流协议机构"，[①]在我国则可以通过同级流域政府协商，建立跨省（市）的河流协议机构，如长江流域委员会来协调同一流域的区域合作问题。

最后，在有了法律和组织机构的支持之后，府际合作机制的建立是非常必要的。有研究者提出了区域环境联合治理的五大机制：区域环境联合规划机制、区域环境协调机制、区域环境应急合作机制、区域环境市场机制以及区域环境跨界污染纠纷处理机制[②]。这些机制可以有效地避免集体行动的困境，合理规避水资源利用的外部性。除此之外，还需要建立区域环境信息共享机制，将区域内不同地区的相关环保数据共享，以有效地制定流域的总体规划，降低合作成本。

（三）以民间社会资本促进府际网络联系

虽然本文主要集中于政府社会资本的视角，但是，种种研究表明，在解决"政府失灵"这一问题上，民间社会资本在促进合作方面具有不可替代的作用。

流域治理的府际合作缺失这一问题即是政府失灵的表现，究其原因，来自于前述提到的激励机制的倒错。因此，作为促进流域府际合作的手段，要培育区域社会资本，首先要促进作为"第三部门"的志愿组织，如各类民间环保组织的发展，为其提供生长的法律和制度环境，留出生存和发展的空间。鼓励全国性或区域性环保组织参与流域治理，以社会组织的流域整体观弥补地方政府的传统地方利益观。其次是鼓励公民参与流域治理。流域两岸的居民是水环境是否达标的利益相关者，他们既是环境的保护者，也可能是环境的破坏者，是离河流最近的人，因此，公民参与流域治理是保护环境最直接、有效且成本较低的方式。政府要以制度化的方式拓宽公民参与流域治理的途径，并且要通过环保知识和环境意识的宣传和教育在民间形成共同的规范和信任。总之，流域治理的主体应当以多元中心为主，地方政府应当鼓励社会组织、公民、企业共同参与流域治理，在国家治理能力现代化的背景下形成多元治理的新格局。

① 吕志奎.美国州际流域治理中政府间关系协调的法治机制[J].中国行政管理,2015(6):146-150.
② 黄一涛.基于府际治理的长三角流域环境有效治理研究[J].中共杭州市委党校学报,2008,1(1):25-32.

水库移民与湖泊保护

　　水库移民是水利工程建设的副产品，解决水库移民的生产生活困难，不仅关系到水利工程建设和运转的顺利进行，而且深刻影响社会的稳定和区域的发展。为此，国家制定多项政策对全国大中型水库移民实行统一的后期扶持，由第三方对相关政策的实施情况进行监测评估，以保证政策落实。"湖北省大中型水库移民后扶政策监测评估中心"每年开展水库移民后期扶持政策跟踪评估，发布监测评估报告，以客观翔实的第三方调查与评估，为解决移民过程中易发的矛盾和冲突，改进和完善湖北移民后扶政策，提高移民地区的和谐稳定提供支撑。此外，本部分还选取了两篇关于对湖北省湖泊保护相关法律执行情况进行调查评估的调查报告，希望通过两篇报告，重新唤起人们对于《湖北省湖泊保护条例》的关注，并以此为下一步开展深入细致的立法后评估研究奠定基础。

湖北省 2015 年度大中型水库移民后期扶持政策实施效果[*]

彭代武　詹　锋[**]

根据湖北省移民局、省财政厅联合下发的《关于开展 2015 年度大中型水库移民后期扶持政策实施情况监测评估工作的通知》(鄂移[2016]56 号),2016 年 6~10 月,湖北经济学院移民工程咨询中心组建 7 个监测评估工作组,历时 4 个多月,赴全省 70 个重点监测县(市、区),对湖北省 2015 年度大中型水库移民后期扶持政策实施情况进行了监测评估。

本次监测评估以县为基本单元,监测评估对象包括县、村、户三个层级。本次监测评估共抽取全省 70 个重点监测县(市、区)的 200 个样本村、4000 户样本户和 617 个典型项目。监测评估内容主要包括后期扶持政策实施情况、后期扶持资金使用管理情况、后期扶持政策实施效果和重点工作开展情况等方面。监测评估期限中,人口核定与动态管理、样本村基本经济社会情况、样本户调查问卷情况等截止时间为 2015 年 12 月 31 日;直补资金发放、项目实施及资金使用管理等截止时间为 2016 年 6 月 30 日。根据本次监测评估的结果,对湖北省 2015 年度大中型水库移民后期扶持政策实施效果进行评价。

后期扶持政策实施 10 年以来,湖北省移民人均纯收入大幅增加,样本户人均纯收入从 2006 年的 2412 元上升到 2015 年的 9549 元,增长 2.95 倍,部分县(市、区)的移民样本户人均纯收入已接近当地农村居民人均纯收入;移民贫困人口从 85.72 万人下降到 18.94 万人(建档立卡),减少 66.78 万,贫困发生率由 44.92% 下降到 8.91%。移民建档立卡贫困人口已全部纳入地方党委政府扶贫攻坚规划。与此同时,移民的消费能力有所增强,消费结构也更加合理。

(一)移民收入增加,消费能力增强

1. 移民收入增长幅度加大

(1)绝对收入增加

据抽样调查,2015 年,湖北省移民样本户人均纯收入为 9549 元,较 2014 年增长

* 本文是《湖北省大中型水库移民后期扶持政策实施情况监测评估报告(2015)》的简写。由湖北经济学院移民工程咨询中心、湖北省大中型水库移民后期扶持政策监测评估中心组织完成。

** 作者简介:彭代武,湖北经济学院移民工程咨询中心主任,湖北经济学院教授。詹峰,湖北经济学院移民工程咨询中心副主任,湖北经济学院副教授。

13.41％,与 2006 年移民样本户人均纯收入 2412 元相比增加了 7137 元。原迁移民领取的直补资金和增长人口通过实施后扶规划项目,间接帮助移民和安置村移民发展生产并提高了人均收入,加快了水库移民脱贫的步伐,提高了他们的生活水平。2006～2015 年,移民样本户年均纯收入增速为 16.59％,超过农民的年均收入增速 13.89％,高于同期农村居民 2.7 个百分点(图 1)。

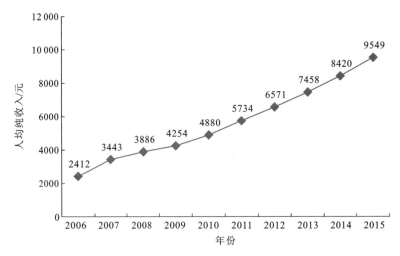

图 1　2006～2015 年湖北省移民样本户人均纯收入增长

2003～2015 年移民样本户人均纯收入增速都高于农民(表 1)。在全省 200 个移民样本村中,有 102 个移民样本村的移民人均纯收入增加值高于全省农民纯收入增加平均值。

表 1　2013～2015 年农民与移民纯收入增长对比

收入类型	2013 年		2014 年		2015 年	
	金额/元	增长率/%	金额/元	增长率/%	金额/元	增长率/%
农民纯收入	8866.95	12.93％	9925	11.90％	10 838	9.20％
移民纯收入	7458	13.50％	8420	12.90％	9549	13.41％

(2) 相对收入改善

一是高于农民人均纯收入的移民人数大幅增加。2015 年,湖北省移民人均纯收入高于本县农民人均纯收入的人数约为 52 万人,比 2014 年的 50 万人增加了 2 万人左右,增加 4％;高于农民人均纯收入的移民人数占移民总数的 20.5％,比 2014 年提高了 0.5 个百分点。调查问卷显示,在对自己的经济状况做评价时,7％的移民认为自己的经济条件高于其他家庭,72％的移民认为自己的经济条件与周围其他家庭差不多,21％的移民认为自己比其他家庭条件差。

二是移民收入水平与农民收入水平相当的县(市、区)数量大幅增加。到 2015 年底,全省移民人均纯收入水平达到甚至超出当地农村居民的县(市、区)有 30 个,较 2014 年增加 1 个,较 2006 年增加 19 个。

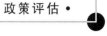

三是移民收入占农民收入比重值有所增加。2015 年移民样本户年人均纯收入为 9549 元,是全省农村居民人均纯收入 10 838 元的 88.11%;2006 年移民样本户年人均纯收入为 2412 元,是当年全省农村居民人均纯收入 3419 元的 70.55%。2015 年与 2006 年相比,移民人均纯收入占农村居民比重提升了 17.56 个百分点,移民人均纯收入相比当地农村居民,有明显改善。

(3)收入结构优化

2015 年,湖北省移民样本户人均纯收入为 9549 元。按收入构成高低排序分别为:工资性收入占 52.31%,家庭经营性收入占 35.72%,转移性收入占 10.08%,财产性收入占 1.89%。2013~2015 年,移民的家庭经营性收入占比在增加,从 2014 年的 34.83% 增加到 2015 年 35.72%;工资性收入占比在下降(虽然绝对值在增加),从 2014 年的 53.98% 下降到 2015 年 52.31%。这说明近年来由于产业扶持力度加大,库区和移民安置区产业发展效果开始显现。这种收入结构降低了移民收入结构主要依赖务工收入的风险,因而更加合理。与此同时,移民的财产性收入占比在上升,从 2014 年的 1.08% 增加到 2015 年 1.89%。库区和移民安置区的土地流转给移民带来了实惠,是财产性收入增加的一个推动力。财产性收入占比的提高增强了移民收入结构的均衡性和张力,符合现代社会收入的多元化趋势。移民收入构成情况详见表 2。

表 2　湖北省 2013~2015 年移民样本户收入构成

指标	2013 年		2014 年		2015 年		年均增速/%	对纯收入增长的贡献率/%
	金额/元	构成/元	金额/元	构成/元	金额/元	构成/元		
人均纯收入合计	7458	100	8420	100	9549	100	16.59	—
工资性收入	4390	58.86	4545	53.98	4995	52.31	6.715	39.86
家庭经营性收入	2256	30.25	2933	34.83	3411	35.72	23.14	42.34
转移性收入	735	9.86	851	10.11	963	10.08	14.47	9.92
财产性收入	77	1.03	91	1.08	180	1.89	57.99	7.88

具体来看,2015 年移民收入结构有如下变化:

一是工资性收入较 2014 年增加了 450 元,工资性收入占比从 53.98% 下降到 52.31%,下降 1.67 个百分点;家庭经营性收入较 2014 年增加了 478 元,占比从 34.83% 增加到 35.72%,上升 1.09 个百分点。

二是家庭经营性收入对纯收入增长的贡献率最大,达到 42.34%,工资性收入对纯收入增长的贡献率为 39.86%。

2.消费支出继续保持增长

(1)食品类消费(恩格尔系数)下降

2015 年,重点监测县移民样本户人均生活消费为 8605 元,较 2014 年的 6483 元增加了 2122 元,较 2006 年的 2221 元增加了 6384 元。2015 年,移民样本户人均生活消费支出占人均纯收入的 90.11%,略低于农民的占比 90.45%(表 3)。

表3　2015年移民与农民人均消费支出占收入的比重情况

群体	人均可支配收入(纯收入)/元	人均生活消费支出/元	人均生活消费支出占人均纯收入的比重/%
移民	10 683(9549)	8605	90.11
农民	11 844(10 838)	9803	90.45

2015年,在移民生活消费中,食品类支出占32.39%,医疗类支出占12.59%,文化教育类支出占9.20%,家庭设备用品及服务类支出占9.92%,交通通信类支出占7.29%,其他类(主要是人情支出)占11.64%等。与农民相比,移民在医疗类支出比例上较高(表4)。

表4　2015年移民与农民生活消费对比

支出类别	移民生活消费		农民生活消费	
	比例/%	支出金额/元	比例/%	支出金额/元
食品	32.39	2787	30.12	2952.69
衣服	5.78	497	5.60	549.14
居住	11.19	963	21.93	2150.27
家庭设备用品及服务	9.92	854	6.12	599.92
交通通信	7.29	627	12.43	1218.42
文化教育	9.20	792	11.41	1118.15
医疗	12.59	1083	10.05	985.09
其他	11.64	1002	2.34	229.48
合计	100	8605	100	9803.15

2015年,湖北省移民恩格尔系数为41.26%,农民恩格尔系数为40.38%,移民略高。但与2006年(95.85%)相比,降低54.59%。恩格尔系数下降,意味着移民将更多的收入用在其他方面,移民有能力进行其他消费了(表5)。

表5　湖北省2006年与2015年移民恩格尔系数

年份	人均纯收入/元	人均消费支出/元	人均现金消费/元	人均食品消费支出/元	恩格尔系数/%
2015	9549	8605	6755	2787	41.26
2006	2412	2221	—	2128	95.85

从2006年到2015年,移民生活消费中,增长幅度最大的是居住和家庭设备用品,其次是交通通信。近年来,手机等通信工具迅速普及,成为人们离不开的必备工具,相应的通信费用也从无到有,从少到多。医疗保健费用的增加,一是与当前社会总体医疗消费增加有关,二是与移民群体老龄化程度加深有关。其他如食品类、衣服类、文教娱乐等支出虽然增加,但占比有所减小。这一方面说明移民富裕程度提高,物质和精神需求旺盛;另一方面也说明移民生活消费朝多样化发展,生活更丰富。2015年与2006年移民样本户人均生活消费支出年际变化见表6。

表 6   湖北省 2006 年与 2015 年移民样本户人均生活消费支出对比

年份		食品	衣服	居住和家庭设备用品	交通通信	文教娱乐	医疗保健	其他	合计
2015	金额/元	2787	497	1817	627	792	1083	1002	8605
	比例/%	32.39	5.78	21.12	7.29	9.20	12.59	11.64	100.00
2006	金额/元	807	130	192	123	405	273	291	2221
	比例/%	36.36	5.84	8.65	5.53	18.22	12.31	13.09	100.00
增加额/元		1980	367	1625	504	387	810	711	6384
增长率/%		245.35	282.31	846.35	409.76	95.56	296.70	244.33	287.44

（2）耐用消费品保有量增加

问卷调查显示,农村每百户移民家庭拥有主要耐用消费品:彩色电视机 112 台,比上年同期增加 2 台;电冰箱 101 台,比上年增加 19 台;空调为 36 台,比上年增加 4 台;洗衣机 63 台,与上年持平;摩托车 95 辆,比上年增加 28 辆;热水器为 62 台,比上年增加 7 台;电脑为 36 台。此次监测评估发现,移民家庭中,冰箱、洗衣机等耐用消费品保有量有所增长,电脑等现代化的电子消费品在移民家庭已不罕见,甚至大宗消费品,如小汽车也开始进入移民家庭。2015 年,湖北省每百户农民彩电保有量为 113,洗衣机为 61,电冰箱为 98,摩托车为 96,空调为 38,热水器为 69,电脑为 39。移民家庭耐用消费品的保有量与农民家庭比较接近(表 7)。

表 7   移民与农民家庭耐用消费品保有量情况   （单位:%）

项目	彩电	洗衣机	电冰箱	摩托车	空调	热水器	电脑
移民保有量	112	63	101	95	36	62	36
农民保有量	113	61	98	96	38	69	39

（3）住房条件显著改善

2006 年以来,湖北省投入移民资金 4.69 亿元,实施再搬迁安置和危房改造 38 524 户。特别是 2014 年国家推出移民避险解困试点方案后,全省特困移民有 27 218 户 98 709 人纳入试点,国家投入移民专项资金近 20 亿元,特困移民群体的突出矛盾将得到基本解决。通过危房改造、再搬迁、避险解困等措施,全省有 6.57 万户移民直接改善了安居条件。监测评估显示,82.31% 的移民户住的是砖混结构的房子,17.69% 的移民户住的是土坯房或砖木结构的房子,较 2006 年移民户居住土坯房或砖木房占比 57% 有大幅减少。

2015 年底,湖北省移民样本户人均住房面积为 44.17 平方米,相比 2006 年的人均住房面积 29.12 平方米,增加约 15.05 平方米。2015 年湖北省农村人均住房面积为 55.61 平方米,相比 2006 年的人均住房面积 36.77 平方米,增加约 18.8 平方米。分析可知,移民样本户人均住房面积虽然增加,但和农村人均住房面积相比仍有较大差距,且差距有拉大趋势。

（二）移民收入与农民收入差距分析

2006 年后扶政策实施时,全省移民人均纯收入与农村居民之间的差距是 1007 元,到

2015 年底,两者差距拉大到 1289 元。如果剔除原迁移民每年直补 600 元的因素,差距还会更大。尽管后扶 10 年移民收入有了大幅度提升,然而另一方面,移民收入水平不高的状况未能根本改变。继解决温饱问题、安居问题、公共基础设施严重不足等热点难点之后,增收难已经上升为移民问题中首要的热点难点问题。

1. 移民收入与农民收入绝对值比较

2014 年,湖北省农民人均纯收入为 9925 元,移民样本户人均纯收入为 8420 元,二者差距为 1505 元。2015 年,湖北省农民人均可支配收入为 11 843.89 元,人均纯收入为 10 838 元,移民样本户人均纯收入为 9549 元,二者差距为 1289 元。农民与移民收入差距在缩小(表 8)。

表 8　湖北省 2006～2015 年农民与移民收入增长表

指标		农民纯收入(可支配收入)	移民纯收入(可支配收入)
2006 年	金额/元	3419.35	2412
	增长率/%	—	—
2007 年	金额/元	3997.48	3443
	增长率/%	16.91	42.74
2008 年	金额/元	4556.38	3886
	增长率/%	13.98	12.87
2009 年	金额/元	5035.26	4254
	增长率/%	10.51	9.48
2010 年	金额/元	5832.27	4880
	增长率/%	15.83	14.72
2011 年	金额/元	6897.92	5734
	增长率/%	18.27	17.5
2012 年	金额/元	7851.71	6571
	增长率/%	13.83	14.6
2013 年	金额/元	8866.95	7458
	增长率/%	12.93	13.50
2014 年	金额/元	9925(10 849.06)	8420(9007)
	增长率/%	11.94	12.90
2015 年	金额/元	10 838(11 843.89)	9549(10 435)
	增长率/%	9.20	13.41

2. 移民与农民收入结构比较

2015 年,移民纯收入构成与农民相比有以下特点,一是移民更依赖务工收入,移民工资性收入占比较农民高 26.06 个百分点。二是农民的副业、自主创业等更发达,农民的家庭经营性收入高于移民 16.83 个百分点。主要是由于移民人均耕地面积较少,兼之相当一部分移民安置在更加偏远的库区、山区,交通和物流不发达,市场发育程度较低,导致移民的家庭经营性收入占比大幅低于农民,只能依赖外出务工。三是农民的转移性收入高于移民9.92个百分点。转移性收入包括社会福利救济(如直补资金、低保资金等)、价格补贴(如各种惠农资金、种粮补贴等)、离退休金、赡养收入等。这部分收入高,一个可能是与农民的耕地更多,从而粮食补贴资金更高有关。同时,转移性收入的高低,与各地方财政关系较大。湖北省45%的移民分布在四大连片贫困山区(2006年移民人口数据),这些地区的地方财政更薄弱,转移性收入较低。移民与农民收入结构对比见表9。

表9　湖北省 2013～2015 年农民与移民收入结构对比表　　　　(单位:%)

指标	2013 年		2014 年		2015 年	
	农民	移民	农民	移民	农民	移民
人均纯收入合计	100	100	100	100	100	100
工资性收入	41.14	58.86	30.4	53.98	26.25	52.31
家庭经营性收入	52.06	30.25	46.17	34.83	52.55	35.72
转移性收入	5.84	9.86	22.27	10.11	20	10.08
财产性收入	0.95	1.03	1.16	1.08	1.2	1.89

(三)移民脱贫致富效果明显

后扶政策启动前,湖北省移民贫困发生率高达44.92%,贫困移民人口有85.72万人,其中移民特困人口18.8万人。后期扶持政策实施10年以来,全省移民贫困发生率由44.92%下降到8.91%。目前建档立卡的移民贫困人口有18.94万人,贫困移民村1145个。通过积极培育移民增收能力,移民产业与从业素质有了一定提升。

1.贫困人口大幅减少

2006年,按照956元的低收入线(相对贫困标准)计算,湖北省移民贫困发生率为46.03%,贫困移民数量达到85.72万人,其中特困移民37.66万人(绝对贫困标准693元),占全部贫困移民的39.3%。根据《湖北省扶贫开发十一五规划》数据,2005年底,湖北省农村人口贫困发生率为20.4%,农村贫困人口662.7万人,其中赤贫人口247万人,占贫困人口的37.3%。以上数字可以看出,移民贫困发生率高于农民,移民人口仅占农民人口的8.24%,但贫困移民占贫困农民的12.9%。2015年,精准扶贫摸底数据显示,湖北省移民贫困人口减少到18.94万人,贫困发生率8.91%。贫困移民人口较2006年的85.72万减少了66.78万人,减少了77.9%。

尽管成绩斐然,但湖北省的脱贫任务依然艰巨。湖北省老水库及其移民人口集中分布在全省4大连片特困山区的33个县(市、区),由于这些地区经济社会发展严重滞后,使其移民工作进度较全省其他地区明显滞后。生产资料匮乏、劳动力综合素质低、市场竞争能力弱等制约移民增收的瓶颈因素依然不同程度的存在,后扶10年移民收入虽然持续大幅增长,但2015年湖北省移民人均纯收入仅占当地农村人均纯收入的80.63%,还有近20万移民收入处于贫困线以下。要实现2020年贫困移民脱贫和全面小康的目标,每年

要完成近 5 万移民的脱贫任务,这给移民脱贫带来了不小的挑战。

2. 移民致富素质增强

（1）基础教育程度提高

2015 年监测评估数据显示,移民后代的受教育程度较前辈有显著提高。第一代移民（1955 年以前出生的移民）平均受教育程度为 1.19,（赋分 1 是小学及以下,2 是初中,3 是高中）,文化程度在小学及以下的移民占 88.57%,文化程度在初中的移民占 8.57%;第二代移民（1956～1975 年出生的移民）平均受教育程度为 1.80,接近初中文化程度。文化程度在小学及以下的移民下降到 40.68%,文化程度为初中和高中的比例分别提高到 40.68% 和 16.95%;第三代移民（1976 年以后出生的移民）平均受教育程度为 2.80,接近高中文化程度。文化程度在小学及以下的比例下降到 5.13%,文化程度为高中的比例提高到 33.33%,中专以上的比例为 25.64%（表 10）。

表 10　湖北省移民受教育程度代际变化情况

分类	平均受教育程度	小学及以下/%	初中/%	高中/%	中专及以上/%
第一代移民	1.19	88.57	8.57	2.86	0.00
第二代移民	1.80	40.68	40.68	16.95	1.69
第三代移民	2.80	5.13	35.90	33.33	25.64

（2）移民职业技能增强

后扶政策实施以来,湖北省以提升劳动力素质与从业技能为重点,加大移民培训,共投入培训资金 1.9 亿,累计开展移民劳动力实用技术、职业技能和移民干部培训 330 万人次,提升了广大移民的谋生和创富能力,促进了移民劳动力向城镇非农业领域转移。目前湖北省移民劳动力有 97.91 万人,其中转移劳动力外出打工 43.96 万人,占移民劳动力总人数的 44.9%,稳定就业人数约 35 万人。通过问卷调查分析,样本户移民务工收入占比达到家庭总收入的 52.31% 以上。通过移民培训,提升了移民从业能力,加大了劳动力转移。比如,武汉市目前高技能培训覆盖率达到 50% 以上,90% 以上适龄劳动力转移就业,其中第二、第三产业劳动力比重在 65% 以上。

2015 年,湖北省投入资金 5000 万元,开展培训 1024 期,共计培训 67 134 人。

（3）移民致富环境改善

1）农业生产条件改善。2006～2015 年,库区和移民安置区共计开发土地 12.67 万亩,新增灌溉面积 87.3 万亩。2015 年移民人均耕地 1.05 亩,较 2006 年 0.96 亩提高了 0.09 亩;口粮田低于 0.5 亩以下移民人数由 2006 年的 49 万人减少到 2015 年的 36 万人。监测评估数据显示,到 2015 年底,全省移民生产实施机械耕种的比例已达到 39.7%,常年生产用电保障率达 98.56%。受访移民中,认为农业灌溉比较方便的达到 48.7%,认为灌溉很不方便的只有 12.5%。

2）产业发展条件向好。后期扶持政策实施 10 年以来,湖北省积极扶持移民产业开发,培育移民特色经济。特别是近几年,加大了移民产业扶持力度,采取"一村一策、一村一品"的方式推进移民特色产业发展,目前,形成"一村一品"支柱产业的移民村有 1182

个,扶持种养大户 4213 户,成立移民专业合作社 942 个,形成"龙头企业＋基地＋农户"的市场经营主体 189 个,带动了 29.8 万户近 90 万人直接受益,占移民总人口的 38%。2015 年,全省计划投入产业发展的资金达 4.0259 亿元,占全部项目资金的 10.9%,投资内容包括种养殖业、林果业、第二、第三产业园建设等。

3) 移民劳动力输出幅度增加。监测评估数据显示,移民的劳动力比例低于农民。2015 年移民户人均负担为 2.16,这个值高于农民人均负担的 1.41。劳动力负担重、劳动力比例低是移民人均收入低的重要制约因素。因此,后扶政策实施以来,各地一直致力于促进移民农业剩余劳动力转移和外出务工来提高移民收入。

(四) 基础设施条件明显改善

湖北省大力打造优质资产,库区和移民安置区的基础设施建设跨上一个重要台阶,投入的移民项目资金有力地改善了两区公共基础设施薄弱的状况,成为移民持久安稳致富的一笔宝贵资产。

1. 交通条件进一步改善

后期扶持政策实施 10 年以来,湖北省投入库区和移民安置区的项目资金总计 91.88 亿元(增长人口到村项目资金 52.78 亿元,两区规划项目资金 39.10 亿元),其中近 70% 投入公共基础设施建设,并通过移民资金撬动交通、电力等部门资金和社会资金,累计新建和硬化移民村组公路和机耕路 5.69 万公里,修建桥涵 1919 座,码头(渡口)229 个。通公路的移民村由 76.2% 上升到 98%,通机耕路的移民组由 60% 上升到 91%。

本次监测评估的样本村有 1248 个移民组,通机耕路的移民组有 1222 个,通硬化村道移民组有 1205 个,通等级公路移民组有 545 个。问卷调查显示,87.3% 的受访移民住处距离通村公路在 1 公里以内,10.8% 的受访移民住处距离通村公路在 1~5 公里,1.9% 的受访移民住处距离通村公路 5 公里以上。与往年相比,住地距最近的公路距离越来越近,这表明随着后扶项目中大量通村、通组道路的修建,移民交通状况得到了很大改善,也为经济发展提供了保障。由于交通方便了,物流成本下降,促进商品流动更加频繁。交通改善后 91.6% 的移民家里有农产品出售的时候是商贩上门收购,只有 8.4% 的农户是自己运输出去售卖。

2. 饮水更加方便

后期扶持政策实施 10 年以来,饮水困难的移民由 100.22 万人减少到 8.19 万人,新建水厂 35 座,水塔(泵站、蓄水池等)5381 处,铺设饮水管道 12 356 公里。

问卷调查显示,有 60.87% 的移民饮用自来水厂统一供应的水,33.73% 的移民饮用自家井水,4.2% 的移民饮用山泉水,1.2% 的移民饮用堰塘水和江河水。全省 14 328 个移民村中,有 12 365 个移民村喝上了安全水,占 86.3%;212 万移民中,还剩下 13.7% 约 29 万移民有饮水安全问题。对比 2006 年,存在饮水不安全问题的移民村减少了 2496 个,涉及移民人口减少了 70.4 万人。从历年饮用水源的结构来看,自来水和井水所占比重上升,堰塘水、江河水及其他水源所占比重逐年下降,移民饮水问题得到一定改善,饮水安全得到一定保障。

3. 用电保障率高

后期扶持政策实施 10 年以来,湖北省水库移民资金改造电网 1952 公里,用电难得到根本解决,移民村组用电已经实现全覆盖,供电能力基本满足移民生活用电需求。但部分移民反映,由于农村电网的建设基础薄弱、荷载有限,大功率家用电器、大型农机具、提灌用电等有时会遇到困难。农村生产供电保障有待改进,调查数据显示,常年生产用电保障率 98.76%。

2015 年,湖北省后扶相关项目计划实施供电项目 280 处,包括架设(改造)供电线路、变压器、光伏发电等,截至此次监测评估,共完成 20 处。

4. 就医更加方便

后期扶持政策实施 10 年以来,库区和移民安置区共计建设村级卫生室 21.23 万平方米,新建卫生室 257 个,建有卫生室的移民村达到 97.42%。

2015 年底,没有卫生室的移民村个数为 369 个,占所有移民村数量的 2.58%,比 2006 年降低 31.02 个百分点。全省移民村达标卫生室配置率为 92.89%。随着后扶政策的实施,移民医疗卫生状况逐步得到了改善,移民群众看病就医更加安全快捷,方便廉价。

(五) 社会保障范围更加广泛

2015 年湖北省库区和移民安置区社会保障覆盖面更广。监测评估显示,全省移民参加新型农村合作医疗比例达到 97.2%,农村养老保险参保率达到 63.58%,低保率 5.67%。新型农村合作医疗参保率较 2014 年提高 0.6 个百分点。2005 年,参加新农村合作医疗和农村养老保险的移民比例分别为 44.97% 和 25.89%。与 2005 年相比,2015 年移民参合率和参保率分别提高 52.23%、36.1%。

问卷调查显示,样本户移民参加新型农村合作医疗比例达到 98.73%,农村养老保险参保率达到 63.58%,低保率 5.67%(见图 2)。

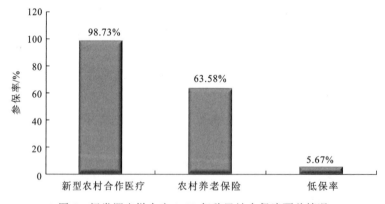

图 2 问卷调查样本户 2015 年移民社会保障覆盖情况

(六) 库区和移民安置区比较稳定

10 年后扶政策的持续实施,使错综复杂的移民社会矛盾得到逐渐化解,移民群体对政府移民工作的满意度逐年上升,信访量大幅下降,库区、安置区展现生机,稳定和谐的景象初步形成。各移民点围绕建立长效治理工作体制机制,提高治理和服务水平,积极开展了社会治理创新,加快推进村务民主化、管理规模化、决策法制化和监督制度化,建立新型社会治理体系。

1. 信访情况

据统计,2015 年湖北省全省共登记移民来信来访 1947 件,较 2014 年 1956 件下降了9 件。根据近年来对移民信访数量跟踪监测,湖北省库区和移民安置区的信访数量虽然偶有波动,但总体呈下降趋势,库区和移民安置区比较稳定(图 3)。

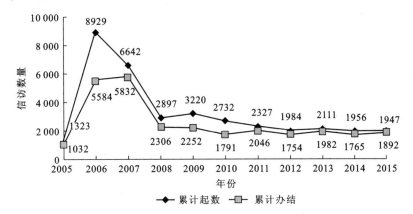

图 3　湖北省 2005~2015 年移民信访变化情况

后扶政策实施以来,湖北省各级政府始终坚持"一手抓政策落实,一手抓社会稳定"的原则,构建了"省—市—县—乡镇—村"五级维稳工作责任制和群体性事件应急处理机制,密切关注三峡移民、淹地不淹房人口、小水库移民人口等群体以及原迁移民漏报和移民工程建设质量等问题,做好应急预案,突出预见性、增强主动性,积极解决移民及相关人口的实际困难,确保了库区和移民安置区社会和谐稳定。比如,武汉市移民村移民对村政务公开和社会安全的满意度均在 95% 以上,全年无一例赴区及以上部门非正常群体性上访事件,无一例违纪乱纪事例发生,无一例计划生育超生家庭,无一例安全生产责任事故发生等。南水北调移民已基本融入当地社会,90% 以上移民与当地村民来往频繁,20 多名移民与当地村民通婚。

2. 连带群体处理情况

湖北省一直高度重视移民后期扶持政策实施的连带影响问题。为统筹兼顾、安排好其他移民和征地拆迁人口的生产生活,湖北省通过每年向各县(市、区)投入小型水库资金、废弃水库资金、粮食补贴等,缓解库区移民群众生产生活突出的问题。针对部分特殊移民群体及遗留问题,如小水库移民、废弃水库遗留问题等,湖北省移民局还根据实际情况,拿出一部分资金予以倾斜照顾。

2006~2015 年,省级用于解决连带影响人口问题资金 7 亿元左右,其中小水库资金3.27 亿元,粮食补贴 3.54 亿元等,部分县级政府也投入资金解决连带影响人口生产生活突出问题,缓解了连带影响人口的突出矛盾。

水资源管理与流域治理

水的管理体制与污染防治执法一直以来是我国涉水问题的重点与关键,其中,管理体制是基础,执法是保证。从世界范围来看,各国在水事研究领域也把这个方面视为自身水研究的重要方向。其中,荷兰与美国是西方国家的重要代表,他们在以上研究领域积累了较为成熟的经验。然而,"橘生淮南则为橘,生于淮北则为枳",法律制度亦是如此。国外先进经验并不能天然适用于中国,还需要我们在比较的基础上,根据中国国情加以理性选择。

论荷兰水资源管理体制[*]

李浩民　戴莉萍[译][**]

一、荷兰关于"水"的认识

(一) 水的价值类型

水同时具有社会价值、文化价值、经济价值和生态价值。水的社会价值和文化价值在饮用水和家庭用水方面都有所体现。例如,宗教仪式中使用的水被认为是维护人类尊严所必不可少的元素,每个人都需要足够量的清洁用水等。水同时具有经济价值,这一价值主要体现在农业和工业用水上。另外,水还具有生态价值,因为它是生态系统运行中不可或缺的要素。水资源的这些价值决定了不仅国家有职责对其进行保护,而且每个人都需要了解这些价值,从而能够对其可持续地加以利用。

但是,水也有可能是一种威胁,人们要防止洪水灾害等危险。虽然在世界各地的许多地方都注重保障水安全,但是这并没有在国际水法中得到充分的体现。相较之下,在水资源保护和确保土地适合居住方面,荷兰水法做出了相应的规定。

(二) 荷兰法律中关于"水"的认识

在荷兰,水属于无主物(res nullius)。亨尼肯斯(Hennekens)[①]从水属于公共物品的角度,探讨了水在荷兰的法定资格。在这一过程中,他依据《荷兰民法典》(DDC)区分了公共的动产和不动产。DDC 第 5 条第 25 款规定国家拥有领海和瓦登海的海床,这也适用于河床。流向河流、小溪、湖泊,以及河源的海洋和水都不受"人类控制"。海洋和淡水在本质上都是公共物品。(自然的)港口、沙丘、海滩和海滨也属于这一类别。亨尼肯斯除主

---

　　* 本文的原作者为韦恩·里杰斯威克(H.F.M.W.van Rijswick),哈维克斯(H.J.M.Havekes),译者已获得原作者授权。文中出现的相关问题一概由译者承担相关责任。

　　** 译者简介:李浩民,武汉大学环境法博士研究生,戴莉萍,荷兰乌特勒支大学(Utrecht University)水法、海洋法和可持续发展研究中心研究员(utrecht centre for water,Oceans and Sustainability Law),湖北水事研究中心研究员。

　　① 　H.ph.J.A.M.Hennekens,Openbare zaken naar publieken privaatrecht,zwolle:Tjeenk Willink 1993.

张明确这一物品的所有者外，还主张确定"公共物品"的法律定义，因为有必要规制什么是"自然产生"的问题。根据亨尼肯斯的观点，大自然为人类和其他物种提供了饮用水和利用海洋与河流来航行、捕鱼及获取食物的机会。这些特征导致水易受人类控制，故而谁获得了水就享有水的所有权，例如因事实上是水源所在地的土地所有者或是河流流经地的土地所有者而获得水的所有权。然而，依据荷兰法律，部分位于土地所有者的土地之上并且与更大的水体相连接的水属于流动的无主物。土地所有者不享有这种类型的水的所有权。同样，河流也是公共物品。国家享有通航水域下的土地所有权。但是根据 DDC 第 5 条第 20 款第 1 项第 c 目和第 d 目，通过泉水、水井或水泵抽取到地表的地下水和部分位于土地所有者的土地上并且没有与更大的土地相连的水，土地的所有者可以主张该部分水的所有权。水自身的功能决定了水体的公共特性。通过确定水的功能而进一步确定水的公共特性至关重要，尤其对于公共利益而言。所以，在荷兰水资源的管理和治理是一项公共服务任务，这与世界上很多地方都不相同。在许多其他国家，水可以由私人或公共团体所拥有，并且其关注的重点在于水的财产权、所有权和经济价值。在国际层面和欧盟层面上，人们对水价值的认识正在提升。国际领域一般认为：水资源不应被看作一种经济物品，而应当是一种社会文化物品。《欧盟水框架指令》开篇就规定：水同任何其他的商业性产品不同，它是一种遗产，我们必须对这一遗产加以保护、守卫和治理。

二、荷兰水资源管理的现状

荷兰位于欧洲西北部，地处莱茵河、马斯河和斯凯尔特河三角洲，总人口 1682 万人，国土面积为 41 526 平方公里。荷兰的人口密度高达约每平方公里 498 人，这些人为了谋生和生活需要食物和水，并排放废水。此外，他们必须要在这个低洼三角洲安全地生活和工作。马斯河、莱茵河、埃姆斯河和斯凯尔特河这四大河流流经荷兰，最终注入北海。荷兰还有许多其他的跨界水域和跨界地下水体。因此，荷兰的水资源对邻国的水资源管理具有高度的依赖性，同时，北海岸国家的水资源对荷兰也具有依赖性。荷兰国土面积的18％是地表水，其形态有河流、湖泊、池塘、溪流、沼泽、运河和沟渠。

（一）洪水灾害

荷兰约 26％领土位于海平面以下。尽管 29％的领土位于海平面以上，但仍有洪水灾害的风险（来自河流或海洋）。900 万的荷兰人居住在这一洪水高发区。同时，三分之二的 GDP 也来自这一区域。在荷兰，由洪水引发的死亡概率是其他所有外部安全危险（包括恐怖袭击在内）导致的死亡概率 10 倍。

荷兰主要河流中的部分水流被开发利用，部分水流蒸发成水蒸气，部分水流进入水系统，部分流向大海。

荷兰主要的保护堤坝长达 3700 公里，其中 90％由区域水务管理部门管理，10％由中央政府管理。中央政府管理的保护结构中包括阿夫鲁戴克大堤（32 公里的长堤将艾瑟尔湖和北海隔离开来），该堤是东斯凯尔特河（13 个巨大的三角洲工程中最大的一个）和新沃特伟赫河(该运河由鹿特丹通向北海)的风暴潮屏障,也是弗里斯兰或瓦登群岛的屏障。中央政府每十二年对这些堤坝的质量进行评估。评估结果决定是否在堤坝加固方面持续投资。

荷兰的整个西部地区几乎都是圩田。为保持土地的可居住性,对近 4000 处圩田需利用约 3500 个水泵进行排水。

(二)饮用水

荷兰饮用水的水质优良,其供应不但有保障,价格也相对较低。荷兰饮用水公司每年自来水的年产量为 11.36 亿立方米。荷兰每天的人均耗水量为 118.9 升。相比之下,美国每天的人均耗水量高达荷兰的 5 倍,而非洲每天的人均耗水量却不到 10 升。荷兰 2012 年 1000 升饮用水的价格在 1.09~2.07 欧元。

(三)水质

总体而言,荷兰地下水的水质优良。影响荷兰地下水水质有两大因素:历史遗留的土壤污染和硝酸盐与农药污染。地表水由于水质实际执行标准仍未达到所要求的标准,所以荷兰地表水水质稍差。

(四)水的保留、储存和排放

过去水资源管理的目标是尽可能快速地将多余的水排放到海洋中,但这种方式对水系统形成多方面干预,因而已经被摒弃。目前更倾向于将多余的水尽可能长时间地蓄积在水系统中。如果这些多余的水不能被长久保留,那么它们将会被短时间地储存,将其排入海洋中只能作为最后的选择。储存多余的水这一新措施需要更多的空间,而且要求在设计水系统要更多地考虑生态因素。

(五)淡水供应

通常情况下,荷兰拥有充足的淡水资源,但是在不同时期和不同地方,淡水的分布也是不均衡的。如在干旱时期,某些地区就会缺水,这就会对社会安全、饮用水、能源供应、自然和经济功能造成不利影响。另外,淡水含盐量的不断增高也是一个日益严重的问题。

(六)水资源管理的成本

在水资源的管理上,荷兰的投入很合理。在与水资源有关的工作上,荷兰每年的总费用为 66.7 亿欧元占 GDP 的 1.26%。普通家庭(4 人生活在 20 万欧元的房子里)每年为防洪(约 3700 公里的主要保护结构和 14 000 公里的非主要保护结构)、22.5 万公里水道的维护以及 350 个污水处理厂的废水处理支付 270 欧元。在废水和雨水的收集与运输及城市地下水的处理上,市政厅每年要花费 14 亿欧元。这些费用的 97% 来源于污水税。中央政府的水资源管理费用主要来自普通基金,目前为 12 亿欧元。

（七）间接用水

水足迹网络（Water Footprint Network）对无形的"事实上"被消耗的水进行研究，并且应世界自然基金会（World Wide Fund for Nature，WWFN）的要求，他们将这一研究应用于荷兰的水资源消耗上。屯特大学（University of Twente）对荷兰的实际用水进行了分析。该研究最为重要的结论显示荷兰水资源消耗的80％发生在国外，包括清洁水不足的国家。基于这一研究，世界自然基金会将整个生产周期的用水都纳入进来，计算出日产量前五的商品及其所消耗的水量。

三、荷兰水资源管理性质的界定

几百年以来，水资源管理一直被认为是荷兰政府的职责。鉴于荷兰的特殊地理位置（地处四条国际河流交汇的低洼三角洲），这一观念就不足为奇。对荷兰来说，良好的水资源管理至关重要，国家有责任保护由此引发的公共利益。对于什么是公共利益，这不是一个规范性的问题，在不同的地方和不同的阶段对公共利益理解亦有所不同。根据荷兰法律，因为水资源管理从过去到现在一直都被当作一种公共职责。国家如何以最有效的方式履行这一职责，即公共机构职权职责的划分，如何决策，以及决策是否依据民主原则和法律规则等都是重要议题。其涉及公共职责的范围和各公共部门（从欧盟到地方）的权限划分，执行的方式与手段，社会基本权利和一些重要的指导原则，如公众参与及司法保护的实现。

水资源管理是公共职责的重要组成部分。鉴于上述的特征，荷兰将水资源管理作为公共职责最为重要的组成部分这一做法可能就不足为奇了，而且这也在荷兰语"waterstaat"中得到印证。"waterstaat"一词在荷兰的立法和实践中发挥着重要的作用，但该词仍没有正式的定义。"waterstaat werken"的中文翻译是"公共职责"。然而定义的缺失并不一定不好，这样可以用其解释为什么荷兰基础设施规划能够顺利地适应不断变化的需求，而且这也可能是荷兰水法的特征之一。De Goede 对"waterstaat"一词的内涵做出了经典描述："境内的物理实体化并使其被开发利用"（the physical substantiation of the territory and making it exploitable），但这只能作为一个合理的出发点。通过将 waterstaat 延伸为 waterstaatzorg，即"waterstaat 的注意义务（care of waterstaat）"，可以将水资源管理归为国家职责的一部分，这一职责包括防洪、水事务的管理，即水流的总量（地下水和地表水的管理，包括水量和水质的管理）以及锚地和航道的管理与维护。这一职责是为了确保土地的可居住性和可利用性，以及保护和改善生活环境。英语中"水资源管理"（water management）一词的含义能够囊括荷兰水事务管理中的大多数词语的内涵，甚至能够延伸到与之相关领域中，包括公共职责。

在水资源管理领域，荷兰《宪法》第21条对社会基本权的规定可以作为水务局水资源管理注意义务的依据。依照该规定，水务局应当保持国家的可居住性，并保护和改善环

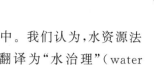

境。荷兰法律对水务局的职责具有详细规定,主要体现在《水法》中。我们认为,水资源法律法规既包含行政体制也包含管理体制,在英语语境中往往翻译为"水治理"(water governance)。在 2014 年 3 月 17 日荷兰政府提交给 OECD 的题为"荷兰水治理:适用于未来?(Water governance in the Netherlands:fit for the future?)"的报告中,荷兰水治理模式得到了很高的评价,甚至被置于可供"全球参考"的地位。

四、荷兰水资源管理的法律规定及评估框架

(一) 荷兰水资源管理的法律规定

水资源管理不仅涉及政府的防洪以及防止水资源短缺,还包括保护和改善水系统的化学质量与生态质量,以及履行水的社会功能(荷兰《水法》第 1 章第 1 条和第 2 章第 1 条)。水的社会功能包括饮用水和工业用水的供给,以及与自然、森林和景观、休闲和商业捕鱼、贝类养殖、水娱乐、商业航运、管道运输、能源供应、径流和下水道系统、冰和沉积物、安全、水位管理、降低含盐量、农业和建筑领域、矿产开采、国防、工业废弃物和生活垃圾的处理相关的水资源的利用。换言之,水资源管理涉及生态利益、经济利益和公众利益的保护。

水资源管理不仅仅包括对水资源的保护和将水作为一种自然资源进行可持续利用,还包括污水的收集、运输和处理,以及饮用水的供给。因此,除《水法》之外,其他法律也为水资源利益的保护提供了依据,包括空间规划法(*Wet ruimtelijke ordening*)、环境管理法(*Wet milieubeheer*)、饮用水法(*Drinkwaterwet*)、土壤保护法(*Wet bodembescherming*)、自然保护法(*Natuurbeschermingswet*)、挖掘法(*Ontgrondingenwet*)、矿业法(*Mijnbouwwet*)、以及相关法规(如省级法律法规、市级法律法规和水务局法规规章)。

(二) 荷兰水资源管理主体的范围

事实上,虽然水务管理部门有水资源管理的职责,但这并不意味着它们的职责能够覆盖水资源管理的所有方面。虽然使居民免遭水灾和确保公平地供应淡水不一定都由政府负责,但是人们普遍认为这是政府的职责。此外,政府没有义务一直确保绝对的水安全,也没有义务满足每一个人的任何时候任何用途的无限量清洁用水的要求。个人也有水资源管理的义务。然而,明确公权力机构具体的水资源管理职责非常重要,同时划清政府水资源管理职责与个人水资源管理义务的界限亦非常必要。通过这种划分,个人不仅能够知道有职责的公权力机构何时没有履行其职责,而且还能够知道自己何时有义务采取措施。

这里使用的术语"个人"包括私人、企业和非政府组织。在政府职责范围之外的领域,个人必须采取措施以保障自身的安全,确保水资源利用的可持续性并保护水质。个人采取措施可能是自发的,也可能是为了遵守法定义务,后者如许可证的规定、一般规则、知道

或有理由相信可能影响河床或河岸的注意义务、申报要求、缴税义务等。另外,个人还有许多其他的选择来实现水资源管理的义务,例如,他们通过参与决策的过程对决策的制定发挥积极作用,他们还能够通过行政申诉程序和法院(尽管这通常不是他们的主要目的)来实现《水法》的目的。最后,个人还可以通过行使选举权(尤其是在水务管理部门的选举上)和通过竞选这些部门的管理者来进行水资源管理。

(三) 荷兰水治理的评估框架

经济合作与发展组织(OECD)的一项研究提出了下列荷兰水治理的评估框架:

1. 合法性

荷兰水治理合法性的第一个标准是其水资源管理要符合国际和欧盟的要求。首先,水资源管理应当尊重人权公约,如《消除对妇女一切形式歧视公约》(CEDAW)第 14 条第 2 款、《儿童权利公约》(CRC)第 24 条第 2 款和《经济、社会及文化权利国际公约》(ICESCR)的一般性意见(No.15)。此外,《欧洲人权公约》(ECHR)可看作水资源管理中积极义务的一个主要来源,特别是第 2 条和第 8 条,以及第一议定书的第 1 条。欧洲人权法院关于缔约国保护公民免遭洪水灾害的积极义务的判例法在这方面也很重要。欧洲法院从 ECHR 第 2 条(生命权)和第 8 条(隐私权)中推导出这些积极义务。荷兰作为 ECHR 的缔约国,必须遵守并且一直遵守这一判例。此外,跨界河流流域的条约(包括《赫尔辛基条约》《莱茵河条约》《马斯河条约》和《斯凯尔特河条约》)也必须遵守。最后,缔约国有遵守欧盟法律的义务。欧盟法、欧盟环境法及欧盟水法的重要内容如下:

1) 法律原则:合法原则、确定原则、比例原则、辅助原则。

2) 公平:人权与基本价值(领土的连续性以平衡区域差异、负担能力等问题,如在用户的水价方面)。

3) 政策指导性原则:可持续性原则,将环境法律整合到其他政策领域的原则。

4) 环境原则:风险预防原则、预防原则、最佳可行技术原则、污染源源头控制原则、水服务成本回收原则。

5) 欧盟环境立法和欧盟水立法的义务和目标(如欧盟水框架指令(WFD)第 4 条的环境目标)。

2. 责任与效力

水治理的职责分配应当清晰并合法。公民应该能够根据法律获得一定程度的保护。法律文书的制定应确保执行力,救济应当有效。在荷兰,保证有效执行和救济的法律架构可以在《水务局法》和《水法》中找到。《水务局法》规定了三种公共实体:水务局董事会(代表)、执行委员会和主席。这三种实体必须相互合作,以保证制衡制度的实现。执行委员会和主席对水务局董事会负责,水务局董事会自身对选民负责。监督全国的 22 个水务局是 12 个省的法定任务。荷兰的基础设施与环境部部长负责中央水资源管理的任务,因此其(对荷兰议会)负有责任。

立法者应当明确公共职责的范围,以保证个人能够从立法中清晰地知道他们自身的

职责与任务。这可以通过在法律中规定区域水务局的权力与职责来实现,而不是通过委员会的命令或部级条例中对权利范围没有特别要求的一般性规定来实现。这样就可以明确区域差异性的权力范围与条件以及完全满足问责制的要求。法律规定应当允许区域差异的存在。虽然毫无疑问的是饮用水的供应和保证用水安全的最低水平仍然是政府的职责,但水务局在淡水供应上能够限定它们自身的职责,在水务局的水规划中暗中将这些职责的一部分转移给私人团体。

3.综合的方法

国际的(1992)、欧洲的(2000)以及荷兰的水资源管理(自 1985 年起)是建立在综合流域管理或综合水系统管理的基础之上的。水治理的单位是根据水文标准确定的流域区、次流域区或更小的单位。在荷兰,我们通常将这些术语作为同义词,但在某种程度上承认了水系统和水链(污水收集与处理和饮用水的供应)的关系,然而却没有完全被整合成一个行为。以往的管理单位要比流域或次流域小得多。随着管理朝着流域综合治理的方向发展,废水处理亦需要扩大管辖范围。当然,整合自身并不是目标,而只是实现更好水资源治理的手段。从整合应当产生更好政策的角度来看,我们认为综合的水资源治理主要是为了提高水治理的有效性、问责性和合法性。水资源管理各个方面的部门立法会阻碍水资源管理目标的实现,水资源综合治理除与水有关的立法关系密切外,同土地利用规划、环境、自然保护、农业等其他领域的政策也密切相关。但以综合的方式治理流域区无须整合所有与水有关的立法。在大多数情况下,适当的协调或衔接机制可能更有效[①]。

五、小　　结

荷兰水资源管理是政府的职责,其目的在于保障特定公共和私人利益,如社会安全、土地的可居住性、水资源的生态价值、充足的清洁水、可靠的饮用水供应以及为个人寻找食物和工作与娱乐消遣提供可能。

在民主社会,水资源管理应当实现法治的要求,如合法性和法律的确定性。此外,应当以适当的方式有效与有力地贯彻实施水资源的管理,这就表明水资源管理的措施应当具备适当性。

目前,水资源管理的政府职责主要以欧盟法为依据,水资源的管理不仅涉及政策、原则、标准、权力、组织机构和手段,还包括公众参与和司法保障。公众参与允许个人对水资源管理中发挥重要作用的政策和分配问题享有发言权。司法保障使法院能够对政府职责的履行情况进行审查。

---

① Gilissen H, Alexander M, Beyers J, et al. Bridges over troubled waters: an interdisciplinary framework for evaluating the interconnectedness within fragmented domestic flood risk management systems[J]. Journal of Water Law.2016,25(1):12-26.

美国流域水污染防治的合作执法及启示[*]

郑雅方[**]

虽然环境科学早已揭示流域综合治理是根治流域污染的重要方法,但美国联邦制的国家结构、环境介质型执法体制、承认水权的历史传统、流域资源对国家和区域的经济价值,使得美国环境监管体制碎片化明显,流域治理主体呈现"铁三角"态势:国会、联邦行政机构、地方政府之间权力博弈不断,难以建立全新的综合执法机构。为回应流域综合治理的时代要求,合作执法,也称"伙伴"(partnership)执法,在美国流域环境执法中被广泛运用,不仅联邦与地方环境行政机构间、跨行政部门间合作执法,行政机构与公众、非政府组织(NGO)的合作执法日趋频繁。基于丰富的实践积累,美国在流域水污染防治领域逐步形成了一些有效的合作执法机制:监管机构间的执法援助机制、执法评估机制,监管机构与被监管者间的参与执法机制和促进守法机制,均具借鉴价值。

一、流域水污染防治立法及其发展

1972 年通过的《清洁水法》以"修复与保护全国水域的化学、物理和生态的整体性功能"为立法目标。并围绕立法目标陆续建立与完善了:水污染排放许可制(又称"国家污染物排放消减系统",缩写 NPDES)、水质标准制、面源污染治理制度等。其中,水污染排放许可制是美国治理点源污染的核心制度。美国环境保护局(EPA)对每一类点源污染依据当前污染控制水平直接设定排污上限,既不考虑水域用途,也不需将污染标准换算成个体污染上限,即通过基于技术的出水限制,确定废水排污上限,以此改善水质。水污染排放许可制的出发点是"任何人排放任何污染物均属违法",工厂等污染源排放前必须依法获得污染排放许可证,许可证注明每个污染源的排污上限,每个污染源按证排放,每月向批准机构提交具体的排污报告,许可证与排污报告均须信息公开,以便公众监督。而且,《清洁水法》第 303 条规定了水质标准作为水污染排放许可制的备用方法。水质标准制要求:各州须确定各个水域的特定用途,再制定与用途相应的水质标准,对实施水污染排放许可

* 基金项目:湖北省教育厅人文社科研究一般项目(16Y136)。
** 作者简介:郑雅方,湖北经济学院副教授,湖北水事研究中心研究员。

制后仍无法达到水质标准的水域,各州应将之确定为"功能受限水域",对于这些水域,州政府要确定污染物的"最大日负荷总量"。州政府的"功能受限水域"和"最大日负荷总量"均需得到 EPA 批准。另外,为克制面源污染,国会通过第 319 条,要求各州自行制定"面源污染治理计划"并向 EPA 说明如何实施该计划。这一立法规定是由于面源污染点数量多、个体差异大、难以制定统一的排污标准,加之农业部及农业行业对环境监管施压,故而面源污染治理权被留在地方,EPA 没有强制监管的权力。为贯彻实施上述基本制度,EPA 分别建立了相应的执法项目,各地方环保机构也有相应执法项目与之衔接。《清洁水法》的这些核心制度起初并未直接涉及流域监管,直到 20 世纪 90 年代 EPA 等环境执法部门逐步意识到流域治理是根治水污染的重要方法,并经过近 30 年的发展,美国流域水污染防治制度日趋发展完善。

流域水污染防治的兴起阶段(1991～1997 年)。阶段发展特点是:推广流域治理理念,促进地方流域规划与基本水污染防治制度的衔接。1991 年 EPA 发布了著名的流域执法指南《流域保护路径:概论》,首次系统提出以综合环境治理解决流域问题的基本框架,归纳了流域水污染治理的三原则:①以保护人类健康、降低生态风险为目标;②调动所有地方利益者参与治理;③整合所有相关环境治理项目、政策工具、组织机构以解决流域问题。流域治理成为美国水污染防治的发展新趋势。此后,EPA 相继发布《流域路径框架》《流域经验十条》等指南性文件,旨在帮助构建各州流域规划,推动各州将流域规划与核心清洁水法项目相结合,在流域规划中纳入清洁水项目的实施计划。典型如 1994 年 EPA 发布《水污染排放许可制的流域战略》文件,强调将流域治理思路融入水污染排放许可制的重要性,通过提倡各州将水污染排放许可制的颁发时间频次与各州流域规划制定频次相统一,来考虑所发放的污染许可产生的累积性流域影响,而不是仅割裂考虑某一特定排污设施的影响。

流域水污染防治的发展阶段(1998～2011 年)。随着流域治理的深入,合作执法关系重要性显现。伴随《清洁水法》再授权程序到来,1998 年克林顿政府宣布《清洁水行动规划》,指出流域治理是未来环境治理的趋势,强调要"不断扩大联邦机构、各州、各部落和利益攸关方之间的合作。"《清洁水行动规划》不仅推动了 EPA 与农业部、商务部、能源部等 12 个联邦机构间在 1999 年正式建立"区域联邦机构间协调组",确立合作执法关系,还推动了 EPA 与社区、环保组织、民间流域委员会建立广泛的合作执法关系。此外,EPA 先后与 30 多个流域建立合作伙伴关系,推进流域水资源与水生态的保护,予以合作地方丰厚的守法资助及财政优惠政策等。EPA 在 2000 年总结该行动时特别指出,《清洁水行动规划》有力推动了流域地方政府环境执法、居民环境守法……有了地方的参与和支持,美国流域将变成能够钓鱼、游泳、饮水的水源①。

流域水污染防治的完善阶段(2011 年至今)。EPA 于 2011 年起建立"健康流域项目",构建新的保护水体和水生态的化学、物理及生物完整性的治理模式,在这一自愿参与、讲究执法成本效益的治理模式中,合作执法显得更为重要。这一治理模式的核心内容

---

① Hirokawa K H.Driving local governments to watershed governance[J].Social Science Electronic Publishing,2011,42.

是基于联邦机构与各州的合作执法，让各州制定流域优先保护策略。依据策略，各州一方面构建绿色基础设施等，获取保护流域的经济收益、社会收益；一方面保护易受损流域，攻克长期实施不力的面源污染难题。在各州实施流域优先保护策略时，除了要联合 EPA、农业部等相关联邦机构获取执法援助外，各州还与 NGO、流域公众等建立广泛执法合作，以争取社会各界对流域保护的人、财、物支持。

二、流域水污染防治：合作执法的提出

从美国流域水污染防治的发展历程看，合作执法一直备受重视，因为合作执法是流域综合治理的必然要求。流域综合治理以水文自然单元流域为治理单位，从流域符合生态系统的内在联系出发，将流域上下游、左右岸、水质水量、地表水地下水、干流支流作为一个整体，将流域内各行政区的水事活动统一治理，有机统筹防洪、供水、航运、生态、环境、渔业、旅游等各方面治理目标，以实现流域内水土资源和生物资源保护、开发及利用的全面可持续发展。故而，流域综合治理必然涉及多部门、多行政区域、多利益群体的共同参与。这使得流域水污染防治制度的实施，必须联合相关行政部门、流域内地方政府及公众，才能克服不同行政部门之间的条块分割管理体制问题、克服行政划与流域边界错位问题而引发的治理空白与冲突问题、平衡与满足流域公众不同利益诉求问题。

基于流域合作执法与流域综合治理的密切关系，提出流域合作执法内涵：由各涉水执法主体、公众平等参与的开放互动的执法模式，旨在调动与加强各方环保力量，克服碎片化治理体制，实现流域综合治理。流域合作执法是解决流域管理综合性需求和环境执法机关职能碎片化现实之间矛盾的基本途径。如 EPA 在《流域经验十条》中指出"流域工作就是合作。有效合作的核心包括：关注共同利益、尊重彼此观点、感恩彼此、了解他人的需求和立场，建立信任。……在任何一个流域中没有任何一个机构可以解决所有的流域问题。……合作可以让流域中所有利益相关者聚集在一起。"[①]

美国流域水污染合作执法具有适用范围广、形式灵活的显著特点。以 EPA 倡导推动的合作执法为中心，EPA 与各地方环保机构、与其他涉水行政部门、与公众普遍建立了合作执法关系。各流域水文情况及治理目标等不同，使得参与合作执法的主体、合作执法的主要目标、具体合作机制与方式等均不同，充分体现了美国流域合作执法灵活化、个性化的原则。有些合作执法关系相对紧密而正式、有些则相对随意而灵活。其中 EPA 与地方环保机构间合作执法关系依托体系化的长效合作执法机制，最为紧密而正式。EPA 与其他涉水机构的合作执法关系虽然较为正式但相对松散，多通过联席会议形式推进合作，如1999 年建立的"区域联邦机构间协调组"。而 EPA 与公众的合作执法则完全采取自愿形式，合作关系最为松散与灵活，参与主体涵盖社区、环保组织、利益相关群体、普通市民等，EPA 主导公众参与的基本标准是包含所有重要利益群体，通过开放而互动的流域决策及实施过程，增强公众积极守法意愿，增强行政机构权威，提高执法效率。

---

① EPA. Top ten watershed lessons learned[R/OL]. [2017-7-21]. http://www.epa/gov/owow/lessons.

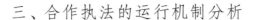

三、合作执法的运行机制分析

机制在社会科学中常指制度化的方法。合作执法运行机制是对各执法参与主体在实践中形成的有效合作执法策略、方式、手段等所进行的制度化提炼。考察 EPA 主导的流域水污染合作执法实践,发现监管主体之间、监管主体和被监管主体之间稳定形成的合作机制各具特色。

(一) 监管主体之间的合作机制

如前文所述,EPA 与其他平行监管机构间的合作主要依靠合作协调机制展开,如圆桌会议、联席会议等方式。我国已对这种跨部门间合作协调机制的必要性、优势、构建要点等内容有较多关注。本文将集中探讨 EPA 与地方环保机构的合作运行机制,此类合作属流域水污染防治合作执法的核心内容。美国联邦制国家结构中,EPA 与地方环保机构并非典型的上下级行政关系,而是依据《清洁水法》建立清洁水法项目,联邦与地方平行负责制,EPA 与地方环保机构合作执法,联邦执法方案与地方执法方案对应衔接,EPA 对地方环保机构执法方案多具指导权、审批权、监督权。具体到职责划分方面,EPA 主要承担组织与领导职责,如提供执法指导与技术援助,促进信息共享与传递,给流域保护项目提供资金支持、检查流域项目执法绩效等,而地方环保机构则实际承担绝大部分的流域水污染执法任务。二者合作主要通过执法援助机制和执法评估机制来实施。

执法援助机制主要包括两方面内容:加强流域执法意识、提高流域执法能力。量化流域保护对地方公共福利的价值是 EPA 提高地方流域执法意识的常见手段。EPA 从最初的《流域保护路径:概论》、到 2000 年发布的《流域成功案例:践行清洁水行动计划的原则与精神》、到 2012 年发布的《保护健康流域的经济价值》,逐步量化流域生态系统服务对地方的经济价值、社会价值、生态价值、景观美学价值等,并比较预防性保护流域的成本与事后污染治理成本的巨大差异,揭示出健康流域生态系统服务的不可替代性,以此促进地方克服"公地悲剧"的非理性,以流域综合治理为执法理念。提高流域执法能力方面,EPA通过行政指导、培训、提供技术支持等多种手段帮助地方提高流域执法能力。如 1991 年EPA 与环保顾问共同发布《州流域治理框架培训手册》,总结流域规划程序,提炼州流域治理框架中的普遍性要素,大力提高了地方流域规划的科学性与合理性,并定期举办流域管理课程培训地方环保管理者。而且,EPA 与环保顾问签订关于开展流域治理模式研究与推广、流域生态环境评估、绿色基础设施评估等行政合同,以便向地方流域治理提供技术支持。

本文的环境执法评估机制特指 EPA 等环境监管机构内部对环境行政执法成效做出的量化评估。环境执法评估功效多重:监管机构通过评估确定执法策略是否有效,发现改进问题,提高有效性;定期评估便于机构内部问责制度化、常规化;公开绩效评估结果便于立法者、公众、被监管者等外部问责。环境执法评估包括四大指标:输入,即环境监管机构的资源使用;产出,即环境监管机构组织的执法活动,如守法促进活动、现场行政检查、实施监管措施；行为结果，主要为企业守法率、环境风险率；最终结果，主要为环境质量的提升。美国 EPA 湿地、海洋和流域办公室及区域办公室每年公开的流域年度报告中，环境执法评估量化程度较高：如开展了哪些执法行动、向哪些主要守法群体投入何种守法激励；减少多少量的污染物排放，受污染土壤的修复面积和废水净化吨数，受保护湿地的面积；企业守法率及采取积极守法模式的企业百分比；因为该援助减少的污染量或可提高企业环境管理的程度[①]。这些量化的执法评估指标让 EPA 的执法评估机制更具说明性、可追踪性，也为公众监督执法提供基础。

（二）监管主体与被监管主体之间的合作机制

"在现代治理体系中，政府治理离不开社会的有效参与和配合[②]。"流域水污染防治离不开公众参与。EPA 与地方环保机构均注重引导流域公众参与执法，尤其是被监管的工业污染企业、农林渔等利益群体及环保类 NGO，主要合作机制包括：参与决策机制和促进守法机制。

流域监管决策牵涉多元利益群体的复杂的利益分配与平衡，保障公众有序、全面、充分地参与决策尤为重要。EPA 等环境监管主体注重在流域治理决策中，通过建设执守法历史在线数据库（ECHO）及发布执法年度报告、流域任务评估报告等手段保障行政信息公开透明，提供公众参与基础。通过发布重大决策的成本收益分析，并预留公众评论空间来充分听取公众意见建议，对公众合理意见予以采纳，未能采纳的集中反馈理由。这种普遍适用于环境决策的参与机制能保障利益相关公众进入参与程序权、政务主张权、获合理回应权、合理意见获采纳权等参与权能完整实现。例如，前文所述的涉水行政部门组成的"区域联邦机构间协调组"在每个区域定期组织一次区域圆桌会议，将来自地方、州和联邦层面的不同利益相关者，如工业组织、民商事组织、农业利益者及政府机构都聚集到一起，讨论关乎本区域水资源保护、开发、利用的重大决策，听取公众对如何有效控制点、面源污染的意见建议。区域圆桌会议还将选出代表参加年度国家流域论坛，论坛将按议题分讨论组，讨论组报告将为国家流域监管政策提供参考[③]。

流域水污染防治执法的目的在于实现流域环境守法，自 2014 年 EPA 实施"新一代守法"的执法策略后，注重促进公众积极守法的执法机制建设。公众流域环境守法的内生动力是能获得流域资源及生态利益的公平分配和社会福利的可持续增长。EPA 通过守法援助、柔性执法等手段，以执法提升公众流域环境守法收益，降低流域环境守法成本，"让守法比违法容易"，促进公众积极环境守法。例如，EPA 以"健康流域项目"为平台，自 2015 年起联合两个环保社会组织共同实施"健康流域联合资助"（Healthy Watersheds Consortium Grant），专门面向全国自愿保护流域、防治水污染的公众及 NGO 组织提供保

① EPA.EPA's Enforcement Annual Results for Fiscal Year 2015[R/OL].[2017-7-30].https://www.epa.gov/enforcement/enforcement-annual-results-fiscal-year-fy-2015.

② 汪锦军.合作治理的构建：政府与社会良性互动的生产机制[J].政治学研究,2015(4):98-105.

③ Mawhorter H J.Environmental management reform through the watershed approach:a multi-case study of state agency implantation[D].Knoxville:University of Tennessee,2010.

护流域的资金、技术等援助。因为只有调动与支持社会公众积极生态养护(即积极守法建设),而非仅靠政府污染治理,才是实现清洁水法立法目标的根本途径①。再如,EPA 积极支持公众成立地方流域保护组织,并帮助提高这些流域保护组织的环保能力,再通过这些地方组织发挥监测、预防、治理当地区域水污染的目的。EPA 长期通过"河网"这个国家非营利组织管理的流域资助拨款项目对地方流域组织进行资助。仅 2000 年,项目给予47 个组织 64.3 万美金资助,帮助这些地方流域合作者提高监测、宣传、规划等能力。

四、启示与借鉴

与美国相似,我国流域管理体制中统一监管与部门分工合作并存,仅就流域水资源保护来看,流域水污染防治工作由原环境保护部组织领导,各地环保部门主管,此外我国已设的 7 个流域管理机构作为水利部派出机构承担流域排污口审批、省界断面监控等职责,建设部承担城市污水处理职责,农业部有面源污染控制职责,国家林业局有流域生态、水源涵养及湿地管理职责,而各地方政府还有将流域环境保护纳入地方经济社会发展规划并保障实施的职责。这种"九龙治水"局面为跨行政部门执法增加了合作难度,部门间"互相推诿"情形频现。同时地方保护流域资源所产生的守法正外部性(守法效益流域共享),和流域污染产生的负外部性(违法成本流域共担),使得地方政府在"公地悲剧"经济短视下造成的"各管一段,怠于执法"现象明显。中美两国分散化的流域管理体制为我国借鉴美国流域治污的先进经验提供了先决基础。

与美国相似,流域治理也代表了我国流域水污染的治理趋势。《中华人民共和国环境保护法》第二十条规定了跨行政区污染防治制度:"建立跨行政区域的重点区域、流域环境污染和生态破坏联合防治协调机制……实行统一规划、统一标准、统一监测、统一的防治措施。"随着我国环境执法全面加强,我国流域环境污染防治正悄然发生变化。首先,2014年修订的《环境保护法》实施以来,凭借威慑式执法及积极的守法宣传,社会各界环保意识加强,营造了良好的流域环境守法氛围。其次,随着《党政领导干部生态环境损害责任追究办法》的配套颁布及新环保法中督察、约谈制度的实施,地方政府唯 GDP 论的观念被削弱,地方政府环境责任强化。加之河长制在全国推行,各级地方政府参与流域治理的动力更为充分。我国流域治污的这些变化使得合作执法、合作治理成为继流域综合治理后的新焦点,使得涉水部门间的联动执法机制、地方政府间府际合作机制成为理论与实务研究热点。

(一)环保部门与地方环保机构间的合作执法借鉴

然而,基于美国流域治理经验,纵向加强环保部门间的执法合作对于深化综合治理,乃至推动府际合作均十分重要。但当前我国学者对纵向环保部门的执法合作却鲜有关注,这可能是因为我国中央与地方环保部门间上下级行政关系使彼此合作执法显得并不

---

① EPA. Healthy watersheds consortium grant [R/OL]. [2017-07-30]. https://www.epa.gov/hwp/healthy-watersheds-consortium-grant.

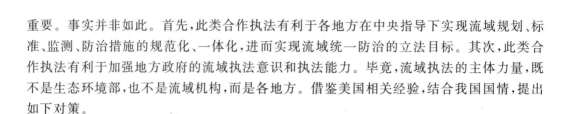

重要。事实并非如此。首先,此类合作执法有利于各地方在中央指导下实现流域规划、标准、监测、防治措施的规范化、一体化,进而实现流域统一防治的立法目标。其次,此类合作执法有利于加强地方政府的流域执法意识和执法能力。毕竟,流域执法的主体力量,既不是生态环境部,也不是流域机构,而是各地方。借鉴美国相关经验,结合我国国情,提出如下对策。

1.加强对地方流域规划的指导

我国生态环境部、流域机构等相关部门应加强指导地方流域规划的制定实施。我国目前虽未要求各省级政府专门制定流域规划,但《中华人民共和国环境保护法》第十三条已明确省级政府应制定环境规划,并为各级政府设定了相应义务,地方流域规划应纳入环境规划中。纳入环境规划的地方流域规划内容功能与已有的整体流域规划（如《长江流域综合规划》）不同。整体流域规划是为了协调统一全流域的资源开发、利用和保护;而纳入环境规划的地方流域规划内容重在分解、落实整体流域规划中的资源保护任务,与已有的基本环境保护制度相衔接。如2016年发布的《福建省"十三五"环境保护规划》就纳入了本省重点水源保护区环境综合整治、农村污水处理设施建设等流域综合治理项目规划。

然而,目前仍有不少省份已公开的环保规划应涉及却未涉及流域治理内容,或已涉及流域治理的环境规划因缺乏治理目标、治理策略、治理措施等方面的规范化。生态环境部等相关部门一方面可参考国内外先进地方流域治理经验,组织专家提炼总结出适宜于我国地方流域治理的实施框架、流域规划要素、流域治理原则及机制等,并面向流域水政监管部门举办专门培训班予以推广宣传,以加强对各地方流域规划规范化、标准化的指导。另一方面,中央还可将先进地方经验制度化后直接向全国推广,如率先在浙江等地实施的"河长制"因取得良好治理效果而在2017年初正式被推广全国。

2.加强对地方执法能力的指导

我国自2015年来基层执法人数增长加快,2016年地市级、区县级环境监察机构人数较2014年均增长20%以上,基层执法力量得到加强。但我国基层环境执法人员普遍较为欠缺环保专业背景。环境监管在20世纪70年代被认为是"专家监管"领域,这意味着其具有较强专业性。但我国环境执法人员专业化背景最高的北京市也仅1/3的执法人员有环保专业背景,而对环境执法人员的在岗培训率也极不均衡,最高的重庆市与最低的海南省之间相差近10倍,且环境移动执法系统覆盖率约10个省份达到全覆盖[①]。这些数据间接反映了我国流域基层执法能力从人员专业素养到执法设备均亟待提高。

流域生态系统的完整性特点要求流域执法人员树立综合治理理念,认识流域生态系统服务价值,增强跨介质执法能力。流域水功能区复杂性、流域执法的跨界性及执法覆盖范围的广阔性等均对流域监测技术及执法设备提出更高要求。为支持地方流域执法能力提高,生态环境部等首先应注重向基层执法人员宣传普及流域生态系统服务价值对地方社会经济发展的福利,秉承"谁执法、谁普法"原则,基层执法人员在流域执法过程中,可将这些流域治理的核心价值与必要性传递给流域公众。其次,应利用全球定位系统（GPS）

---

① 中国政法大学环境资源法研究所.新《环境保护法》实施效果评估报告(上)[R/OL].(2017-04-24)[2017-07-29].

等高新技术和互联网信息传递优势,改善流域执法设备,以提高流域执法监测能力、搭建执守法信息分享平台,力争通过高新技术促进解决流域执法中人员不足,"小马拉大车"局面。再次,集中总结先进地方流域执法经验,通过培训学习等方式在环保系统内部推广,以提升执法人员环保专业背景。最后,还可促进地方环保部门与本地环保 NGO、环保研究机构等沟通、联系,发挥民间第三方力量的智库优势,提高地方执法人员的执法能力。

3. 加强环境执法评估科学化

我国环境执法评估整体上以定性分析为主(如环境保护部年度工作报告),缺乏科学量化评价,环境流域执法的评估自不例外。2013 年,环境保护部曾在全国 116 个地区开展环境执法绩效评估,寻找各试点单位影响执法效能的薄弱环节,加强环境监管创新,增强执行能力。在评估中暴露出执法任务完成效果难以量化的问题[①]。执法任务完成效果难量化是表象,存在的主要问题包括:①产出型执法评估占主导。我国目前以执法产出(如执法活动)作为评估的关键性、结果性指标,但环境执法目的并非在于开展执法活动本身,而是为了降低环境风险、提高环境质量。执法产出只能作为评估过程指标之一。②执法评估体系不完整,评估指标设计偏简单。我国环境执法评估体系多由执法投入和产出两部分组成,普遍未涉及执法产出所带来的社会影响(如企业守法率提高)和环境影响(如环境质量提高)。

环境执法评估指引我国环保执法进一步优化,缩小执行差距。首先,我国环境执法绩效评估应从产出型绩效评估向结果型评估转变。基于我国不断丰富的环境质量监测、守法监测、执法跟踪数据群,界定并统计分析出本土化的守法率指标和环境质量指标,作为评价执法效果的关键指标。其次,借鉴完善环境执法效果评估体系与内容。OECD 等提出的"压力−状态−响应"执法效果评估模型经过十余年实践检验,可作为基本评估框架予以参考。具体指标体系方面,美国 EPA 环境执法绩效报告指标,及芬兰法保障绩效报告指标、荷兰守法保障活动指标等各具特色,可结合我国既有评估经验,合理借鉴[②]。

(二)公众参与流域水污染防治的机制借鉴

我国公众环保意识增强,公众参与环境治理的热情高涨。其中,民间河长、护河队的涌现就是公众积极参与流域水污染防治的典型。但我国公众参与流域水污染防治仍存在不足,突出表现为:尚未全面建立流域与区域衔接紧密的参与机制,难以保障公众参与权能在流域治理领域的完整实现。以长江流域为例,在长江委、环保部共同努力下,已形成流域机构、流域内环保等监管部门、排污企业多方共同参与的水资源保护信息交流共享机制。然而,信息共享机制仅为排污企业参与流域治污的前提条件,公众对流域监管中重要决策的参与机制仍十分缺乏。如流域精细化管控背景下排污许可证监管模式、基于流域排污许可管理的相关市场机制建设等,虽与排污企业利益相关,可排污企业如何参与决策

① 环境保护部.关于政协十二届全国委员会第三次会议第 4694 号(资源环境类 240 号)提案答复的函:环提函〔2015〕37 号[A/OL].(2015-08-06)[2017-07-29].http://www.mep.gov.cn/gkml/hbb/qt/201511/t20151112_316912.htm.

② Kenneth J M etc.The INECE indicators project:improving environmental compliance and enforcement through performance measurement[J].Environmental Compliance & Enforcement,2004,4:17-19.

程序、提出政务主张、获得合理回应权,确保合理意见获采纳等均无长效机制保障。我国目前正在进行流域排污许可管理试点工作,将对流域点污染控制产生重大影响,这项试点工作应将流域公众参与、流域区域公众参与有效衔接配套纳入试点工作范畴,以便总结试点经验,在全国推广。此外,我国还可通过原则加清单列举的方式,进一步明晰与细化公众参与法定要求,让公众参与全面有序,从而加快流域公众参与法制化进程。

除了加强构建公众全面有序参与流域决策机制,我国政府还应注重发挥环境 NGO 在水污染防治法律实施方面的作用,带动流域公众积极守法。环境 NGO 的公益性、专业性、组织性等特点能够帮助政府克服流域公众参与环境治理的随意性、分散性、缺乏专业知识与经验等不足。首先,政府要注重发挥环境 NGO 在水污染防治中的组织实施功能。指导与帮助环境 NGO 组织公众志愿者,参与制定可行治污方案,保护当地流域生态。其次,注重发挥环境 NGO 在水污染防治中的沟通功能。鼓励环境 NGO 向公众宣传流域污染防治知识,并向政府传达公众所关注的问题和利益诉求。最后,为支持环境 NGO 的可持续发展提供条件。政府应通过网络或办理培训等方式,向环境 NGO 提供持续学习专业知识的机会,帮助 NGO 持续增长丰富的知识和专业技能。还应向 NGO 提供较为充分的政府基金,NGO 只有从多元途径获取充分基金,才能保障自身独立而持续地运作。

立法调研

流域立法后评估

　　湖北经济学院承接国家社会科学基金重大项目《长江流域立法研究》之后,组织研究人员深入国家水利、环保、交通、国土、农业等政府部门以及各大流域开展广泛调研,搜集大量关于国内外流域制度建设经验的资料。本部分选取湖南典型流域案例,进行立法后评估研究,希冀通过该项研究为下一步构建我国《长江法》提供借鉴。

《湖南省湘江保护条例》立法后评估报告*

王彬辉**

湘江是孕育湖湘文明的生命之河,湘江流域是湖南省人口最稠密、经济最发达的流域,也是资源和环境压力最大的流域。2013 年《湖南省湘江保护条例》(以下简称《条例》)颁布施行,对促进湖南省湘江流域的保护发挥了积极的作用。该法已生效 3 年多,各项制度和措施是否真正实施、企事业单位是否遵守该法、是否达到了立法目标所追求的效果,都是社会各界关心的问题。根据 2015 年新修订的《中华人民共和国立法法》第六十三条①规定,湖南省人民代表大会常务委员会法规工作委员会决定于 2016 年开展《条例》的立法后评估工作。受其委托,湖南师范大学环境法研究所作为第三方机构承担《条例》的立法后评估工作,笔者作为该项目的负责人,带领评估小组成员对《条例》中的重要法律制度和措施的实施情况进行评估,这种评估虽然不能全面反映条例的实施情况,但它可以从最主要的方面回应社会对条例实施情况的关注。

一、关于《条例》立法文本质量的分析和评价

(一)《条例》与上位法的法制统一性

社会主义法治要求,法律体系内部和谐一致,不存在矛盾和冲突。然而,由于法律体系的动态变化,体系内部的不一致或抵触往往无法避免。作为地方性立法更应当遵循法制统一的原则,亦即地方性法规不得与宪法、法律和行政法规相抵触或不一致。

---

* 湖北、湖南均为水资源大省,两省境内河流湖泊纵横交错,水资源禀赋十分相似,因此,两省在省内河流湖泊管理方面存在诸多相似之处,《湖南省湘江保护条例》是湖南近年来在省内层面最为重要的一部地方流域立法,对这部立法进行后评估研究,不仅可以为研究流域立法的重大问题提供宝贵经验,更可为湖北相关立法工作以及立法效果评估工作(比如《湖北省湖泊保护条例》立法后评估)提供直接借鉴。因此,本报告选录此文,以此为湖北水资源保护管理者与研究者提供一定参考。本文为湖北水事研究中心重点科研项目的阶段性成果。项目编号:2018B001。

** 作者简介:王彬辉,湖南师范大学法学院教授,法学博士,主要研究环境资源保护法学基础理论和实务。

① 《立法法》第六十三条规定:"全国人民代表大会有关的专门委员会、常务委员会工作机构可以组织对有关法律或者法律中有关规定进行立法后评估。评估情况应当向常务委员会报告。"

根据《立法法》第七十三条①的规定,按照立法事项性质的不同,地方立法可以分为三种类型:即实施性立法、自主性立法和先行性立法。自主性立法是指立法的范围属于地方性事务需要制定地方性法规的事项。在全国性流域立法之前,《条例》是对湘江流域水资源管理与保护、水污染防治、水域岸线保护、生态保护以及涉及湘江保护的其他活动的专门立法,也是有关湘江流域生态保护的综合立法,这种地方立法经验是积极探索流域立法经验的有效途径。由于是自主性立法,故我们主要是与《环境保护法》《水污染防治法》《水法》等法律进行比较分析,考查条例是否与上述法律存在抵触或不一致之处。事实上,通过对立法文本的详细比较分析,《条例》的绝大多数条款与上位法的规定基本一致,符合法制统一原则的要求或合法性标准。

(二) 制度设计的合理性和可行性

作为自主性立法,《条例》的大部分制度设计是针对湘江流域水资源管理与保护、水污染防治、水域岸线保护、生态保护以及涉及湘江保护的其他活动进行的专门性规定,具有自身的特色和亮点。比如,《条例》借鉴了相关法律法规中的先进制度,如污染物总量控制、排污许可证、饮用水的保护等有关规定,规定了区域限批、信用评价、环境责任保险、污染防治设施建设保证金、公众参与、保护距离、财政转移支付等有关规定,填补了重点水污染因子、环境容量和保护目标等相关管理方面的缺陷。

(三) 权利义务配置的适当性

立法的重要功能是通过权利义务的赋予和配置,达成激励、惩戒、导向和指引的法律作用。《条例》从水资源管理与保护、水污染防治、水域岸线保护、生态保护等方面对湘江流域沿岸企业的权利和义务设置了比较全面、明确的规定,确保了湘江流域保护目标的实现。但是条例在权利义务配置中还存在以下问题。

首先,义务主体重企业轻公众。《条例》对于公众保护湘江的权利义务规定薄弱,权利性的规定体现在条例第八条②、第十一条第一款③;明确的个人义务性规定体现在第二十四条第二款④、第五十九条第一款⑤。而《环境保护法》第六条明确了一切单位和个人都有

---

① 《立法法》第七十三条规定:"地方性法规可以就下列事项作出规定:(一)为执行法律、行政法规的规定,需要根据本行政区域的实际情况作具体规定的事项;(二)属于地方性事务需要制定地方性法规的事项。除本法第八条规定的事项外,其他事项国家尚未制定法律或者行政法规的,省、自治区、直辖市和设区的市、自治州根据本地方的具体情况和实际需要,可以先制定地方性法规。在国家制定的法律或者行政法规生效后,地方性法规同法律或者行政法规相抵触的规定无效,制定机关应当及时予以修改或者废止。"
② 《条例》第八条:"县级以上人民政府及其有关部门应当组织、引导、支持企业事业单位、社会组织、基层群众性自治组织、志愿者等社会力量,参与湘江保护。湘江保护中的重大决策事项,应当采取听证会、论证会、座谈会、协商会等方式广泛听取社会公众和专家学者的意见。"
③ 《条例》第十一条第一款:"任何单位和个人有权对妨害湘江保护的行为进行检举和控告。"
④ 《条例》第二十四条第二款:"禁止在湘江流域饮用水水源一级保护区内从事网箱养殖、旅游、游泳、垂钓或者其他可能污染饮用水水体的活动。"
⑤ 《条例》第五十九条第一款:"湘江流域从事河道采砂活动的单位和个人应当申请河道采砂许可证,并按照河道采砂许可证的规定进行开采。"

保护环境的义务。公民应当增强环境保护意识，采取低碳、节俭的生活方式，自觉履行环境保护义务。强化了公民个人保护环境的义务，并且在保障公民参与环境保护的问题上增加了专门的第五章"信息公开与公众参与"。相比较而言，《条例》只提到参与湘江保护是公众的权利，并没有强调这也是公众的义务，同时《条例》对于保障公众参与的前提，即公众的环境信息知情权的保障规定不够，对于政府和企业的湘江保护环境信息公开义务规定较少，导致公众对于湘江流域环境问题知之甚少，参与湘江流域保护的可能性较少、可靠性程度较低。因此，有必要在修改《条例》的时候增加公众参与湘江保护的权利和义务性规定。

其次，权利义务内容设置超前，不符合当前实际发展需要。比如，《条例》第三十四条对超过排污总量控制指标的地区，湘江流域县级以上人民政府环境保护行政主管部门应当暂停新增水污染物排放的建设项目环境影响评价审批。而在《环境保护法》第四十四条只规定了对超过国家重点污染物排放总量控制指标或者未完成国家确定的环境质量目标的地区，省级以上人民政府环境保护主管部门应当暂停审批其新增重点污染物排放总量的建设项目环境影响评价文件。《水污染防治法》第十八条也只是对超过重点水污染物排放总量控制指标的地区，有关人民政府环境保护主管部门应当暂停审批新增重点水污染物排放总量的建设项目的环境影响评价文件。比较来看，《条例》扩大了区域限批的范围，暂停审批所有新增水污染物排放的建设项目环境影响评价，而不仅仅是重点水污染物排放总量的建设项目环境影响评价文件。这对于企业发展、社会经济发展都是有影响的。而且，在《环境保护法》中规定由省级以上人民政府环境保护部门使用区域限批的手段，条例却将该手段下放到县级以上人民政府，考虑到地方经济发展的利益驱动，县级以上人民政府使用该手段的内生动力不足，落实很难到位，实际效果也不明显。

（四）法律责任的适当性

《条例》第六章有关法律责任的规定总共为 7 个条文，约占全部条文的 9%，与《环境保护法》14.2%、《水法》17% 的条文比例相比有差距，与《水污染防治法》23.9% 的条文比例更是存在明显的差距，这些差距事实说明《条例》的法律责任规定略显薄弱，亟待充实和完善。

首先，法律责任覆盖面窄，义务与责任不相对应。从条文的覆盖对象来看，《条例》第六十九条对行政人员违反《条例》规定的处罚做了具体的规定，第七十条至七十四条均是针对生产经营单位和个人的违法行为设置的。从条文覆盖范围来看，除了第六十九条是对相关行政机关工作人员不履行职责追究法律责任外，第七十条至七十四条分别对水上经营餐饮、未经审批的项目建设、未经许可采砂作业、违规采砂、航道枢纽维护不力以及违规航行的行为做了具体的处罚规定。除此之外，《条例》对于违反水资源管理与保护、水污染防治、水域和岸线保护以及生态保护相关规定的处罚仅仅用第七十五条的兜底条款一概而论，这有可能造成法律责任模糊不清，甚至导致无责可追的情况出现。

其次，法律责任形式不合理，执法困难。比如《条例》第七十二条："违反本条例第五十九条规定，未办理河道采砂许可证，擅自在湘江流域从事河道采砂活动的，由县以上水行政主管部门责令停止违法行为,没收违法所得和非法采砂机具,可以处十万元以上三十万元以下罚款。"但因在湘江下游非法采砂的船舶大多为大型采砂船,没收非法采砂机具实施过程中难度很大,执法部门适用该责任形式的几乎没有。

最后,法律责任条款中的处罚力度不够,难以形成震慑力。如《条例》第七十条:"违反本条例第四十二条规定,在湘江干流和一、二级支流水域上经营餐饮业的,责令停业;拒不停业的,由县级以上人民政府组织环境保护、水利等部门没收专门用于经营餐饮业的设施、工具等财物,可以并处二万元以上十万元以下的罚款。"这样的处罚力度无疑使得污染的违法成本远低于守法成本,无法抑制排污者违法排污追求经济利益的冲动,并且执行到位难。在对湘江沿岸生产经营单位环境保护管理人员、政府机关工作人员调查问卷中,超过 90% 的人认为应该加大处罚力度。

(五)《条例》的技术规范性

首先,《条例》的名称简明、准确。该名称既反映出《条例》的适用范围,也体现了立法的内容要素,符合地方立法名称的基本格式要求。从《条例》的名称可以看出,《条例》适用于本省湘江流域的综合保护,其规范内容覆盖湘江保护领域的方方面面,而不仅限于湘江流域保护的监督管理活动。

其次,基于不同的参考纬度,《条例》的体例结构相对合理,内容完整,要素齐全、完备。《条例》"总则—水资源管理与保护—水污染防治—水域和岸线保护—生态保护—法律责任—附则"的篇章结构安排,对湘江流域内从事航行、勘探、开发、生产、旅游、渔业、科学研究等活动进行了规范,反映了综合保护治理的要求,体现了"山水林田湖草生命共同体"统一保护的思路,同时与党的十九大、十八大提出的建设生态文明的战略要求和省委提出的构筑湖南黄金水道、产业主轴、文化长廊、生态家园,构建长江中游重要生态屏障,打造"东方莱茵河",为全国内河流域地区科学发展提供示范的要求相一致。

最后,《条例》的用语较为规范统一,但存在部分概念未予定义,部分文字表述不够严谨,造成执法混乱的状况。例如,《条例》第二十四条第二款中对旅游表述建议具体化,可列举一些具体行为,并明确处罚主体。再如,《条例》中很多条款是针对湘江流域重金属污染防治设定的,但是《条例》没有明确界定重金属种类,导致行政管理部门在园区产业布局和项目环评审批等实践操作过程中难以把握。

二、关于《条例》实施效果的调查结果与分析

为了解不同人群对《条例》实施效果的评价,我们针对政府相关部门执法人员、湘江流域沿岸居民、有关企业分别设计问卷,总共回收问卷 11 181 份,其中有效问卷 10 284 份,并对回收的问卷进行了统计分析和法律实效评价。

(一)有关条例的认知度

为了检视《条例》的认知度,我们设计并发放了不同的调查问卷,分别向社会公众、湘

江流域保护相关的政府监管机构工作人员、生产经营单位的负责人和环境保护管理人员进行了意见征询。

针对《条例》的知晓度，统计表明，在湘江沿岸居民的调查问卷中，回答熟悉《条例》内容的人数比例为19.66%，部分熟悉的比例为37.78%，两者合计为57.44%。可见，作为地方性法规，湘江流域沿岸居民熟悉和部分熟悉条例的程度并不是特别高。而对于生产经营单位环境保护管理人员的问卷调查，回答熟悉条例内容的人数比例为29.86%，部分熟悉的比例为41.21%，两者合计为71.07%。对于政府监管人员的问卷调查，回答熟悉《条例》内容的人数比例为37.80%，部分熟悉的比例为38.47%，两者合计为76.27%。

比较而言，湘江流域沿岸企业环境保护管理人员和政府监管人员对于《条例》的熟悉和部分熟悉程度比社会公众要高，反映出生产经营单位和政府监管部门对湘江流域保护工作的重视程度，也显示出认知比例的高低与湘江流域保护工作的参与度具有正相关。但在政府监管人员和生产经营单位管理人员中均有20%以上的人只是听说过或者不熟悉《条例》，这势必影响到《条例》的落实和湘江流域保护工作的法治化，显示出《条例》的宣传工作还有一定提升的空间和必要性。

（二）有关条例的认同度

在现代社会，认同作为同意的特定方式，构成相关政治决策和制度安排的正当性和合法性理由。法律的认同度越高，其正当性和权威性越强，法律的实际效果理应更好。为此，调查《条例》认同度的目的是，检视《条例》的合理性或可接受性及其对实施成效的影响程度。结果显示，不同的调查主体对《条例》认同度也是惊人的一致。政府相关工作人员26%的人认为《条例》是完善的；65.61%的人认为《条例》基本完善，但需加强；3.99%的人认为《条例》是不完善的。湘江沿岸生产经营单位环境保护管理人员26.51%的人认为《条例》是完善的；61.98%的人认为《条例》基本完善，但需加强；4.48%的人认为《条例》是不完善的。湘江沿岸居民21.88%的人认为《条例》是完善的；59.16%的人认为《条例》基本完善，但需加强；9.27%的人认为《条例》是不完善的。合并三类调查对象的数据可知，87.05%的人是认同《条例》制定的合理性、科学性的，但认为《条例》仍有需要完善的地方。

（三）有关条例的实施效果

1. 总体实施效果

在调查《条例》的总体成效上，问卷设计了两个问题：一是"您认为《条例》实施后湘江整体生态环境有何变化？"二是"您认为《条例》实施后对本单位湘江流域保护工作带来何种影响？"第一个问题面向三类主体，第二个问题面向湘江流域沿岸企业环境保护管理人员。在合并不同调查对象的基础上，认为《条例》颁布对湘江整体生态环境改善很多的比例为32.99%，如果再加上有改善的比例，则肯定其正面效果的比例合计为83.73%，充分反映出《条例》实施的正面效果。具体到不同的调查对象，政府机关工作人员的肯定比例要比社会公众的相应比例超出12.91个百分点。导致如此差距的主要原因是由于社会公众缺乏必要的信息和统计数据，对湘江流域整体生态环境改善态势缺少更为直观的感受和印象。

2.《条例》中重要制度的实施效果

（1）管理机制运行及政府责任落实情况

首先，湖南省人民政府对湘江保护综合规划和相关专业规划的制定情况。根据《条例》要求，湖南省发展改革委制定了《湘江流域科学发展总体规划》、省水利厅制定了《湘江流域综合规划》和《湘江干流和跨设区的市通航支流岸线利用管理规划》，在问卷调查中，27.52％的人认为省人民政府组织制定湘江保护的综合规划和相关专业规划实际实施效果非常好，49.73％的人认为效果较好，17.43％的人认为效果一般，只有1.68％的人认为实施效果较差，3.64％的人无法回答。

其次，湖南省人民政府对湘江保护目标责任年度考核制度和行政责任追究制度的制定、落实情况。根据《〈湖南省湘江保护条例〉实施方案》，湘江保护协调委员会办公室每年年初会商省直成员单位和流域8市研究制定并下发湘江保护年度工作要点和考核工作方案，并从2015年起将该项工作纳入省政府对市州党委政府绩效考核指标，根据委员会办公室统计，湘江保护各年度工作任务完成情况较好。湘江流域8市均制定了市级保护方案，大部分地区将其纳入政府绩效考核内容，并制定了相应的环境保护工作职责、环境问题（事件）责任追究办法，落实了环境保护党政同责、一岗双责和终生追责的要求，形成了多部门联动、各部门各司其职的环境保护监督管理格局。

最后，在跨部门的湘江保护问题上，部门联席会议制度的执行情况。湘江保护协调委员会办公室根据《条例》建立了成员单位联络员制度，每年定期组织召开联络员会议，商讨年度工作重点任务和需要跨部门协商解决的有关问题。调查数据显示，对于跨部门联席会议制度的执行情况，26.32％的人认为非常好，46.03％的人认为部门联席会议制度执行情况较好，17.84％的人认为执行情况一般，3.45％的人认为较差。可见，"九龙治水"的现状导致合力依然难以形成。

（2）水资源管理与保护制度运行情况

1）在用水总量控制方面

首先，严格规划管理和水资源论证，出台了《关于进一步加强水资源论证工作的通知》（湘水办〔2015〕85号）规范性文件，建立了湖南省规划水资源论证制度，开展了涟源市中心城区、长沙市临空经济示范区等规划水资源论证工作，严把水资源论证报告书质量关，做到了省发改委审批、核准、备案的直接从江河、湖泊或者地下取用水资源的建设项目全部依法开展水资源论证工作。

其次，严格控制区域取用水总量和实施取水许可制度。水利厅完成了对市、县两级用水总量指标分解工作，制定下达了2014年、2015年各市州年度用水总量控制计划，并在最严格水资源管理考核中对各市州实施用水总量控制计划情况进行考核。出台了《湖南省水利厅关于进一步加强取水许可的通知》规范性文件，进一步明确了取水许可省、市、县三级事权，及时完善取水许可台账信息。但是，生产经营单位调查问卷中，则只有61.35％的单位在需要直接取用水资源时，编制建设项目水资源论证报告并依法办理取水许可手续，20.56％的单位并没有按照条例规定编制建设项目水资源论证报告并依法办理取水许可手续,18.09%的受访者不知道本单位是否履行了这项义务。可见,企业履行该项义务还有待加强。

最后,严格水资源有偿使用,出台了《关于调整水资源费征收标准的通知》(湘价费〔2013〕104号)。推进水价改革,流域8市全部实行居民阶梯水价制度,长沙市、株洲市、湘潭市等地级行政区对纳入取水许可管理范围的非居民用水实施超计划超定额累进加价制度。按照新标准征收的水资源费数额大幅提高。

2)在用水效率控制方面

虽然湖南省水资源丰富,但仍存在季节性缺水的情况,水的供需矛盾在枯水期表现也非常突出。与此相反,全社会节水意识和节水管理工作却很薄弱,用水浪费现象严重。在条例实施中,首先,强化用水定额管理,严格执行《湖南省用水定额》(DB43T388—2014),在水资源论证、取水许可等工作中要求必须按照公布的用水定额核算取用水量,省水利厅下发了《关于下达2015年度省管河道外取水户用水计划的通知》。其次,加快推进节水技术改造,严格落实《湖南省2014～2016年"两供两治"设施建设实施方案》,通过管网改造有效降低了流域内公共供水管网漏损率,完成了26家省级公共机构节水型单位创建,省经济和信息化委员会、省水利厅和省节约用水办公室联合转发了《关于深入推进节水型企业建设工作的通知》,在全省范围内推动建设节水型企业。

但是,在问卷调查中,我们发现,48.7%的生产经营单位制定过节水方案,并配套建设了节水设施;12.9%的单位虽然制定过节水方案,但没有配套建设节水设施;2.26%的单位有配套建设节水设施,但没有制定过节水方案。值得注意的是,调查显示,26.13%的单位没有履行过此项义务。在对政府工作人员进行该问题的调查中,37.52%的人认为条例规定的用水效率控制制度以及配套的节水设施"三同时"制度合理,实施效果很好。在日常生活中,33.8%的人完全能够做到节约用水,53.5%的人基本能够做到节约用水,8.9%的人想做但实际做不到,3.8%的人认为节约用水无所谓。可见,虽然《水法》和《条例》均将节约用水放在突出位置,但无论是企业还是公众仍需要加强节约用水、保护水资源的意识。

3)关于水资源、水环境监测

水资源和水环境监测是实施环境监督管理的重要手段,是制定环境保护政策和法规的重要依据,为环境科学研究提供翔实数据,同时也是正确处理环境污染事故和污染纠纷的技术依据。根据《条例》,水利厅委托省水文局对湘江流域91个省级重要江河湖泊水功能区的183个断面按照每月一次的频率实施水质监测,监测覆盖率达到100%,发布了《湖南省水资源质量状况通报》,针对水污染突发事件发布水质快报,流域各市也按照各市级水功能区开展了水质监测并发布了水质通报。同时,各地州市也进一步建立和完善市级水功能区监测制度,定期发布各市水资源质量状况通报。问卷调查显示,37.13%的人偶尔看到居民用水点的水质实时监测,22.39%的人没看到过居民用水点的水质实时监测。这些数据说明,居民用水点的水质实时监测的执行并没有实现常态化、制度化。同时,在水质监测方面,环保、水利、住建、卫生等均有自己的监测体系,人员多、设备贵、运行费用高,但由于没有实现信息共享,浪费严重,对外发布信息权威性不够。

（3）水污染防治等制度的实施效果

1）水污染防治设施建设项目保证金制度的实施效果

《条例》第三十五条规定的水污染防治设施建设项目保证金制度的设定是根据 2006 年《湖南省财政厅、湖南省环境保护局关于印发〈湖南省建设项目环境保护三同时保证金管理暂行办法〉的通知》（湘财综〔2006〕81 号）来设定的。但实践来看，该制度实施效果不理想。据调查问卷数据显示，41.1％的单位有配套建设水污染防治设施建设项目并缴纳过水污染防治设施建设项目保证金；21.6％的单位有配套建设项目，但没有缴纳过保证金；15.1％的单位没有履行过该义务，22.2％的单位则根本不知道该义务。可见，不到一半的单位履行过该项义务。

2）水污染防治设施与主体工程"三同时"制度的实施效果

根据《条例》，流域各市根据"循序渐进、突出重点"原则，把环境污染隐患大、亟须解决的问题和前期工作做得好、治理技术成熟、有投资主体的项目放在优先位置，重点予以支持，有计划、分步骤推进项目同时设计、同时施工、同时投入使用。但问卷调查数据显示，排除不需要配套建设水污染防治设施的 188 家生产经营单位，50.9％的单位的水污染防治设施与主体工程同时设计、同时施工、同时投入使用，并保持正常运行；29.8％的单位能够履行"三同时"制度，但没有保证水污染防治设施的正常运行，5.7％的单位则没有履行"三同时"制度。13.6％的单位不清楚该项制度。只有一半的单位实施了该项制度，说明制度履行率还需加强。

3）湘江流域上下游水体行政区域交界断面水质交接责任和补偿机制的实施效果

根据《条例》颁布了湖南省第一个按要素补偿的生态补偿办法——《湘江流域生态补偿（水质水量奖罚）暂行办法》，各地州市也制定了相应的办法，例如 2015 年 9 月郴州市财政局、市环保局、市水利局联合印发《郴州市湘江流域生态补偿（水质水量奖罚）暂行办法》对 8 个单位 9 个入境断面 12 个出境断面进行考核，完成了初步的制度设计。但调研中反映生态补偿机制存在的主要问题如下：首先，湘江流域距离长，水质监测断面多。既存在无明显的上下游交界断面以及左右岸分属不同行政区的情况，又存在高新区园区未被纳入流域补偿考核范围的情况，仅凭交界断面水质状况很难确定责任主体。其次，补偿标准过低。从郴州市汝城县暖水镇五一村、文明镇巷头村调研情况看，两村村民普遍反映当前的生态补偿和奖励资金额度偏少。按照《条例》有关规定，湘江流域"有矿不能采、有林不能伐、有猪不能养、有水不能蓄"，上级给当地百姓的补偿标准为国有林每年 10 元/亩，集体林每年 17 元/亩，与经营性商品林受益每年 200 元/亩相比，相差 183～190 元。这种差距使得充分调动湘江上游保护生态的积极性大打折扣。

4）湘江流域涉重金属企业向园区集中制度的实施效果

《条例》实施以来，各地州市积极实施重金属污染治理，其中最大的成绩就是基本实现了涉重金属企业园区化管理，比如重金属污染防治重点城市之一的衡阳市，自"十二五"以来，积极实施重金属污染防治工作，而其中最大的成绩就是基本实现了涉重金属企业园区化管理。衡阳市的涉重金属企业主要分布在常宁、衡南、衡东、耒阳等区域。目前衡阳市常宁、衡东等地均建设了工业园，除了少数几家涉重金属企业位于园区之外，且大多都有搬迁入园的计划,其他大多数涉重金属企业均搬迁进入了园区①。

三、通过条例立法质量与法律实效评价检视其主要问题

(一) 缺少权威高效的工作机构

虽然,2013 年湖南成立了湘江保护协调委员会和湘江重金属污染治理委员会,实行"两个委员会、一套班子"的运行模式,流域各市县都参照省级模式成立了由政府主要负责人为主任的湘江保护协调议事机构。但因未明确界定湘江保护协调委员会和湘江重金属污染治理委员会的职责范围和任务分工,同时流域的保护与治理难以严格区分,实际工作中两个委员会的年度方案任务目标和考核内容也存在工作任务重复的现象,部分工作甚至有目标不一致的问题,给省直有关部门和流域各市州开展工作带来了不便。同时,这两个机构的统筹性和日常性不够,尤其是缺乏资金掌控、项目分配、行政权力等方面的有效手段,难以形成全流域统筹规划、协同管理、均衡发展,难以取得更好的效果。

(二)《条例》法律文本存在问题

1. 治理范围存在空白

《条例》虽然对湘江流域保护工作进行了较为全面综合性的规范,但也存在一些治理范围的空白。比如,未将河道底泥纳入治理范围。《条例》仅在"水域和岸线保护"一章对采砂作业等行为进行了相关的规定,其实,河道底泥长期受重金属排放累积影响,容易滋生次生水体污染,也应该纳入保护和治理范围。再如,未对船舶污水、垃圾收集及岸上回收集中处理做出明确规定。目前虽有部分市州正探索寻求企业经营模式,但因缺乏政策扶持,部分船主习惯按传统方式处理污染物,导致企业经营举步维艰,收集处理效果不佳。同时由于岸上回收处理设施建设滞后,导致回收的污染物上岸后无处存放,不能及时得到转运和处理,容易造成二次污染。

2. 行政机关部门职责规定不明确

比如,《条例》第七十条:"违反本条例第四十二条规定,在湘江干流和一、二级支流水域上经营餐饮业的,责令停业;拒不停业的,由县级以上人民政府组织环境保护、水利等部门没收专门用于经营餐饮业的设施、工具等财物,可以并处二万元以上十万元以下的罚款。"因环保部门无水上执法权,由海事部门牵头,水利等部门配合才能确保执法落实。建议修改为"由县级以上人民政府组织海事、水利等部门"。再如,《条例》第七十二条规定:"持有河道采砂许可证、但在禁采区和禁采期采砂或者不按照河道采砂许可证规定采砂的,由县级以上人民政府水行政主管部门依照前款规定处罚,并吊销河道采砂许可证",但负责航道管理的部门职责未予明确。目前砂石采挖业主在取得河道采砂许可证后,不按规定的范围、方式和时序开采的现象时有发生,甚至是偷采、盗采,严重破坏了航道条件

① 武孝军.衡阳积极防治湘江流域重金属污染 涉重金属企业全部搬迁入园[N].衡阳日报,2014-11-5(4).

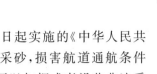

和航道建设成果,航道管理部门监管难度很大。2015年3月1日起实施的《中华人民共和国航道法》第四十三条明确规定:"在航道和航道保护范围内采砂,损害航道通航条件的,由负责航道管理的部门责令停止违法行为,没收违法所得,可以扣押或者没收非法采砂船舶,并处五万元以上三十万元以下罚款;造成损失的,依法承担赔偿责任。"建议《条例》参照上位法的规定,在第七十二条增加航道部门对不按照河道采砂许可证规定采砂行为进行处罚的相关内容。

3. 对湘江防洪问题的规定不完善

湘江流域面积大,雨量丰沛,河网密布,每年4～9月份为汛期,每年因为洪水而损失的财物不计其数甚至危害到流域旁居民的生命安全。但是《条例》仅在第五十八条第二款提到了湘江流域县级以上人民政府水行政主管部门对本行政区域内河道采砂实行统一管理和监督,根据河道采砂规划、河势稳定和堤防安全要求,确定禁采区和禁采期,并未有专门针对湘江防洪问题进行规定。

4. 市场机制未充分引入,社会参与程度不高

改革开放以来,大多数自然资源的分配遵从市场经济原则。水资源作为一种稀缺的自然资源,市场机制还未在其分配方式上发挥应有作用。在流域水环境污染治理方面,也未合理界定政府与市场的责任、未充分调动全社会特别是企业对水环境治理投入的积极性,存在着湘江流域治理参与主体单一、利益相关者参与决策和监督不足的问题。

5. 法律责任不全面,惩处力度不够

《条例》第六章第七十条至七十四条分别对水上餐饮、未经审批的项目建设等行为做了具体的处罚规定,其余都用第七十五条准用性条款概括,导致一些禁止性规定未设处罚,法律责任不全面。另外,条例设定的一些法律责任条款力度不够,难以形成震慑力。

(三) 流域保护和治理配套制度不完善或不合理

流域管理是一项系统工程,需要有各项制度的配合才能有效推进。目前,湘江流域保护和治理配套制度存在不完善或不合理的问题。

首先,湘江保护目标责任年度考核制度中考核指标设置不合理。虽然环境保护已经成为政府绩效考核中的一个指标,但仅作为重点工作中一个小项,占比不足1/20。而在其他权重比高的经济发展、社会治理、改革和党建等工作考核指引下,地方政府仍然有可能片面追求经济高速增长,导致流域资源过度开发、生态环境遭受破坏。

其次,跨区域、跨部门联动协调机制运行不畅,区域、部门间协作配合有一定难度。虽然《条例》第七条规定了跨行政区域合作、跨部门联席会议等机制,协调处理湘江保护的有关工作,但在保护和治理湘江流域实践过程中,各区域、各部门仍各自为政,"头痛医头、脚痛医脚"。比如,在尾砂矿治理过程中,缺乏统一规划,在上游未整治到位的情况下,下游开展的整治徒劳无功。在涉重金属企业问题上,环保部门和经信部门缺乏相互沟通和协作;在建造过鱼设施环评时,环保部门和畜牧水产行政主管部门缺乏相互沟通和协作。

最后,生态补偿机制不完善。生态补偿机制的设立,既是进一步调动上游地区保护生

态积极性的需要，也是提高生态资源利用效率的需要，既要有利于上游地区增加财政收入，也要有利于上游地区精准脱贫。目前湖南省虽然颁布了《湘江流域生态补偿（水质水量奖罚）暂行办法》，根据《条例》，省财政厅、省环保厅开始推行生态补偿工作，但相关政策设计未到位，比如，同一断面涉及两个县（市），该如何界定责任；补偿奖励该如何分配、怎么适用没有规定，地方环保部门、财政部门执行有难度。

（四）公众参与湘江流域保护存在的问题

对于公众参与湘江保护的问题，我们进行了专项问题调查。22.8％的人看到妨害湘江保护的行为后，向市、县（市）负有湘江保护职责的行政主管部门举报过，且举报后得到了积极回应；21.4％的人举报过，但没有得到积极回应；19.5％的人想举报，但不知如何举报；36.3％的人没有举报过。从这些数据可以看出，目前湖南省公众在参与湘江保护过程中存在的问题如下：首先，公众参与环境保护的途径较少、方式单调。公众参与环保的主要形式是宣传教育，如在世界水日、世界环境日等节日听一些讲座和媒体宣传等灌输环保知识。这些参与都只是最浅层的参与，像控告、检举乃至诉讼之类的深度参与方式，公众一般都难以付诸行动。其次，环境保护的模式仍由政府主导、公众参与的主体力量过于薄弱，从而影响力也较弱。在问卷调查中，我们向公众询问了"湘江保护中的重大决策事项，应当采取听证会、论证会、座谈会、协商会等方式广泛听取社会公众和专家学者的意见"这一规定实施的情况，92.06％的人认为该项规定是合理的，但只有35.12％的人认为实施效果很好，公众参与对湘江流域保护的影响力还须加强。第三，民众参与权利没有得到有效的法律保障。只有22.75％的人看到妨害湘江保护的行为后，向市、县（市）负有湘江保护职责的行政主管部门举报过，且举报后得到了积极回应；21.35％的人举报过，但没有得到积极回应。公众举报得不到政府相关部门积极回应，大大挫伤了公众参与湘江保护的积极性。

四、立法后评估启示和建议

（一）建立高效统一、权责明确的湘江保护流域监管机构

增强现有湘江保护协调委员会和湘江重金属污染治理委员会的职能，安排专人和资金，对环保、农业、林业、水利、国土、发改委、财政、畜牧等部门保护管理职能进行统筹协调、联动执法，统筹湘江保护资金调配、项目安排。

（二）适时启动条例的立法修改工作，进一步健全完善相关的制度设计

1. 填补条例空白

比如，进一步提升河床保护地位。进一步明确流域土壤、河流底泥、地下水治理方案，切实摸清湘江河道底泥的污染程度及其对湘江水环境质量的影响，把河床保护提升到与流域水体保护同等重要的地位。将配备船舶污水、垃圾收集岸上设施和集中处理纳入湘江流域县级人民政府管辖范畴。对港口水污染防治工作提出具体要求,如增加相关部门港口水污染防治职责的相关条款,增加对湘江防洪问题的规定,明确要求制定防洪计划、洪水预报和预警、洪水保险、公众防洪教育、洪泛区的管理等。

2. 完善流域市场协调机制

对于水资源的市场化,仅靠引入生态补偿机制是不够的,建议:首先,在资源分配和交易上要引入市场机制,逐步探索建立水权交易制度,通过市场机制调节水资源使用权和排污权的配置,并进一步扩展到水能权、水运权、水域权等;其次,建立环境税收制度,依法足额征收并合理使用排污费及生态修复费,落实污染治理与生态修复的主体责任。第三,在流域水污染防治上灵活运用诸如政府和社会资本合作(PPP)模式等各种市场运作方式,吸纳更多社会资金参与流域环境保护。

3. 完善法律责任条款

首先,填补法律责任空白。应根据《条例》中各行为主体相应的违法行为方式增加相应法律条款,设置一一对应的法律责任。其次,细化政府法律责任规定。湘江流域保护和污染防治行为的主体主要是相关的行政机关与排污单位,《条例》对于排污的企业单位的法律责任的设置相对来说是比较全面,但是对于行政机关法律责任的设置仅仅在第六十九条中有明确规定。《条例》修改时,应细化政府责任规定,加大对行政不作为行为的惩处力度,这样才是保障政府认真履行职责的基础。最后,加大处罚力度,丰富法律责任形式。根据《环境保护法》第五十九条规定"……地方性法规可以根据环境保护的实际需要,增加第一款规定的按日连续处罚的违法行为的种类。"条例可引入"按日计罚"的制度,即对持续性的环境违法行为进行按日、连续地罚款。这意味着,非法偷排、超标排放、逃避检测等行为,违反的时间越久,罚款越多。罚款数额上不封顶,从而解决"违法成本低、守法成本高"的难题,引导违法企业自觉纠正其污染行为。同时,《条例》也可引入行政拘留的处罚措施,即企业事业单位和其他生产经营者如有违反条例的某些行为,对其直接负责的主管人员和其他直接责任人员,可处行政拘留。此外,还可将《环境保护法》中的连带责任、记入诚信档案等条款引入《条例》。

(三) 完善《条例》的配套制度和措施

完善《条例》的配套制度和措施,形成"有法可依、有法必依、执法必严、违法必究"的流域综合管理模式。建议:第一,实行绿色 GDP 考核制度。在对地方干部考核指标中增加其辖区内单位 GDP 资源消耗量、污染物排放量等内容并加重所占比例,从根本上改变地方政府的执政方式和行为取向,避免因盲目追求经济增长而过量消耗水资源、污染水环境。第二,完善地方政府间合作机制。建立湘江流域区域产业合作机制,科学合理进行流域产业布局;建立基础设施共建共享机制,实现各地资源的优化配置和资源共享;建立信息互动和联合处理机制,共享监测资源,及时处理各类突发应急事件。第三,完善生态补偿机制。在目前《湖南省湘江流域生态补偿(水质水量奖罚)暂行办法》的基础上,进一步优化考核体系,提高补偿金额、扩展补偿手段、充分调动各类主体参与的积极性。

（四）强化宣传教育，鼓励公众参与

首先，政府及相关部门要进一步创新宣传方式、拓宽宣传渠道、突出抓好正反两方面典型案例的跟踪宣传报道，对环境违法行为该曝光的坚决曝光，通过典型提高各级领导干部的责任意识、企业经营管理者的守法意识和广大市民的参与意识，努力营造有利于《条例》贯彻实施的良好氛围。

其次，增加环境公益诉讼制度。按照《环境保护法》第五十八条规定，允许符合条件的社会组织就湘江流域环境保护提起环境公益诉讼，规定政府鼓励法律服务机构对水资源污染诉讼中的受害人提供法律援助，扶助弱势群体。规定环境监测机构应当接受水污染侵害赔偿纠纷当事人的委托，据实提供相关的监测数据，为诉讼当事人提供专业技术上的支持。

附　录

2016 年湖北省水资源可持续利用大事记

湖北省加强河道采砂管理目标责任考核

2016 年 10 月湖北省政府印发《湖北省人民政府办公厅关于开展河道采砂管理目标责任考核的通知》(以下简称《通知》),拟对各市、州、直管市及神农架林区人民政府河道采砂管理负责制落实情况组织集中考核。

《通知》明确,此次考核,以河道采砂管理相关法规规章为基本依据,以新修订的《湖北省河道采砂管理目标责任考核办法》为标准,按照《水利部关于加强长江河道采砂现场监管和日常巡查工作的通知》和《湖北省人民政府办公厅关于进一步加强河道采砂管理工作的通知》要求,主要对各地河道采砂管理责任制、联合执法机制、规划许可管理、日常监管、涉砂船舶管理、砂场治理、能力建设等落实情况进行考核。

《通知》明确,实地考核按照"政府主导、部门会同、地方参与、交叉考核"的模式,采取听汇报、查资料、看现场等方式进行,结合年度河道采砂管理工作组织开展情况,对各地河道采砂管理目标责任落实情况组织综合衡量和确认,评定考核结果。考核结果报湖北省政府及湖北省社会治安综合治理委员会,同时作为省对地方社会管理综合治理工作河道采砂管理单项考核结果进行折算。

《通知》强调,河道采砂管理目标责任考核为优秀等次的,予以通报表彰。考核为不合格等次的,予以通报批评,对存在的问题责令限期整改,并按湖北省纪委《关于违反长江河道采砂管理法律法规行为的纪律追究暂行规定》追究相关人员的责任。

湖北省政府有序推进退垸还湖

2016年9月12日,湖北省委副书记、常务副省长王晓东主持召开省政府常务会议,贯彻落实党中央、国务院有关会议文件精神和省委、省政府重大决策,研究推进全省永久性退垸(田、渔)还湖工作,部署加快发展民族教育。

会议指出,今年(2016年)梅雨季节,湖北省遭遇多轮强降雨袭击,各大湖泊水位居高不下,造成严重洪涝灾害。要坚决贯彻落实省委常委(扩大)会议的决策部署,深刻反思灾害成因,既要看到排涝能力不足的短板,也要充分认识围湖造田带来的不利影响,牢牢抓住主要矛盾,打好组合拳,扎实有序地实施退垸还湖等系统治理工程,发挥湖泊在绿色发展、长江大保护中的积极作用。坚持从实际出发,科学论证,精准施策,对已经具备退垸还湖条件的,要加快推进实施。坚持安置优先,妥善做好群众搬迁安置工作。坚持市县为主体,充分调动市县实施退垸还湖的积极性。要结合新型城镇化建设和水利基础设施灾后恢复重建,优化总体规划,完善实施方案,加强组织推动,确保今冬明春(2016年冬天、2017年春天)启动实施。要积极争取国家支持,千方百计筹措资金,完善相关审批手续,确保各项政策措施落地、落细、落实。

湖北省水利厅发布《2015 年湖北省水资源公报》

2016 年初,湖北省水利厅发布《2015 年湖北省水资源公报》。《公报》显示,2015 年湖北省总用水量较上年略有增加,城市用水保障水平提高,供水格局日趋优化;万元国内生产总值用水量、万元工业增加值用水量等节水指标进一步下降,用水效率明显提高。

2015 年,湖北全省平均降水量为 1177.0 毫米,较多年平均偏少 0.2%,水资源总量 1015.63 亿立方米。全省总供水量 301.27 亿立方米,地表水源占 97.0%,地下水源占 3.0%,综合耗水率 43.3%。总用水量中,生产用水 273.97 亿立方米,生活用水 26.21 亿立方米,生态用水 0.77 亿立方米。全省平均万元国内生产总值(当年价)用水量为 102 立方米,万元工业增加值用水量为 81 立方米,按可比价计算,万元国内生产总值用水量比上年减少 5.0%,万元工业增加值用水量比上年减少 4.8%。

2015 年评价河长 9405.5 公里。综合评价结果优于 III 类水(含 III 类水)的河长 7620.3 公里,占 81.0%。监测水库和湖泊水域 79 个水质断面,综合评价结果优于 III 类水的断面 57 个,占 72.2%。监测重点水功能区 275 个,224 个达标,达标率 81.5%,水环境质量稳中有升。

2015 年,湖北省通过加快实施最严格水资源管理制度,加强取用水管理,大力推进水生态文明和节水型社会建设,有效促进了水资源的合理配置、节约利用和有效保护,为推动全省经济社会可持续发展提供可靠有力的水资源支撑和保障。

湖北省鄂州市启动大梁子湖生态治理

2016年8月1日,鄂州市委六届十二次全体(扩大)会议提出,迅速启动大梁子湖流域水生态修复工程,奋力通过大灾大干、大灾大建,实现大灾大变。

2016年7月,梁子湖及梁子湖水系的梧桐湖、五四湖等湖泊,均突破保证水位,梁子湖水位创纪录地达到21.49米。7月14日上午7时,梁子湖与牛山湖隔堤顺利爆破分洪。

鄂州市委提出,大灾之后,鄂州要重新审视人水关系,科学谋划鄂州水文章,把水资源优势转化为生态优势、经济优势。

据介绍,大梁子湖水系生态修复工程,包括梁子湖流域综合治理防洪工程、鸭儿湖水系综合治理防洪工程、水系连通及治理、新建梁子湖入江通道、河湖岸线生态修复及治理等数十项水利工程,总投入超过100亿元。该工程将按照"湖连通、堤加固、港拓宽、排提升、水清洁"的要求,实现梁子湖多通道入江,破解鄂州水患的历史困局。

2016年,鄂州市将启动湖湖相连、港道加宽、大堤加固等工程。按照水生态样板工程和旅游标准化工程来打造,实现堤顶行车、湖港行船。同时综合设计一批沿湖公园、景观整治工程,恢复重建一批水码头、水乡集镇,发挥生态修复工程的经济、生态、社会效益。

湖北省防汛抗旱战役取得阶段性胜利

2016 年 7 月 28 日，湖北省防汛抗旱指挥部政委、指挥长、省委书记李鸿忠在《湖北省梅雨期防汛抗洪小结》上批示：今年全省汛情超历史极值，省防汛抗旱指挥部的同志们表现了超历史极值的指挥、部署、调度能力，为赢得防汛抗洪第一阶段的胜利立下了大功劳。

2016 年 6 月 18 日入梅以来，湖北省遭受 6 场暴雨洪水袭击，暴雨猛、水势急、危害大，多项指标显示出 98＋的特征。面对特大暴雨洪水，荆楚儿女奋起抗击、顽强作战，大江大河干堤安然无恙，6200 多座大小水库无一溃坝，五大湖泊水涨堤高，灾区灾民有序安置，全省社会安定和谐，改革发展大局稳定，夺取了防汛抗洪减灾的重要阶段性胜利。省防汛抗旱指挥部副指挥长、水利厅厅长王忠法表示，回顾这场声势浩大的抗洪斗争，深感胜利成果来之不易，得益于党中央、国务院的坚强领导，得益于国家防汛抗旱总指挥部、长江防汛抗旱总指挥部的科学指导，得益于省委省政府的正确指挥，得益于全省军民警民的奋力拼搏，得益于多年来持续加强水利基础设施建设抗灾能力的显著提升。

王忠法强调指出，在罕见暴雨洪水面前，湖北省委、省政府认真贯彻落实习近平总书记关于防汛抗灾工作的一系列重要批示指示精神，全面落实李克强总理视察湖北防汛抗灾工作的要求，始终把确保人民群众生命安全放在第一位，始终把确保长江干堤等重要设施安全作为重点，围绕"灾害 98＋、损失 98－"的目标，以非常勇气应对非常灾害、以超强决心应对超强洪水、以极值举措应对极值暴雨，夺取了防汛抗灾的阶段性胜利。

王忠法总结了此次梅雨期防汛抗洪的 8 点经验：一是牢牢扭住防汛责任制这个"牛鼻子"是防汛制胜的关键措施；二是必须始终坚持"以防为主、防抗结合"的方针不动摇；三是防汛抗洪部署必须既立足于当前，又着眼于长远，为经济社会发展提供永续保障；四是精准预报、科学调度是取得胜利的根本手段；五是防汛抗洪必须始终坚持"以人为本、生命至上"的核心理念不动摇；六是坚持把纪律挺在前面，严格执纪问责，有效强化监督保障；七是军民联防、警民联防是抗御暴雨洪涝灾害的"铜墙铁壁"；八是强化舆论引导和宣传工作，营造良好氛围。

王忠法指出，省委李鸿忠书记的批示是对防汛抗旱指挥部极大的勉励和鞭策，省防汛抗旱指挥部办公室要传达学习，水利厅党组要专题学习。全厅同志们要按照李鸿忠书记的要求，准备迎战新一轮的"防抗之战"并再战再胜、再立新功。

湖北成功抗御超标准洪水

2016年入汛以来,湖北省屡遭暴雨袭击,特别是6月18日至7月21日梅雨期间的6轮强降雨,全省平均降雨量达528毫米,强度大、范围广。其中荆门、黄冈、天门等地降雨量刷新了湖北省或当地降雨新纪录。

据统计,梅雨期湖北全省水库累计来水154.9亿方*,通过溢洪道泄洪和电站发电等安全调洪128.9亿方,洪水平均削峰率达85％以上,有的达到100％。全省水库梅雨期增加蓄水26亿方,总蓄水量达到158亿方。全省共有1894座水库同时超汛限运行(7月4日),25座大中型水库超过历史最高水位,13座小型水库遇超标准洪水发生漫坝,53座水库超过设计洪水位运行,历史罕见。

面对罕见汛情,省(市、县)水库管理部门按照省防指的统一部署,不断夯实责任,强力推进除杂清障,强化汛期值守检查,加强预报、预测、预警,科学规范洪水调度,及时组织抢护险情。全省水库无一失事,取得了水库防汛工作阶段性的胜利。特别是7月18日晚至19日20时,以荆门为中心的特大暴雨,导致众多水库遭遇历史罕见的超标准洪水,其中屈家岭管理区、钟祥市等地共有12座小(2)型水库先后发生洪水漫坝,多座水库水位基本平坝顶。由于采取了提前预泄降低水位、坝体铺设彩条布等有力措施,漫坝未造成人员伤亡和重大损失,水库大坝全部安全度汛,无一失事,创造了水库防汛史上的奇迹。

---

* 1方＝1立方米,下同。

梁子湖牛山湖破垸分洪

2016 年 7 月 14 日上午 7 时,爆破声响,烟雾腾起,湖北梁子湖与牛山湖之间 3.7 公里堤坝中的 1 公里隔堤被成功爆破,湖水从梁子湖缓缓流向牛山湖,运行 37 年的牛山湖隔堤退出历史舞台,牛山湖重新回到梁子湖怀抱。

梁子湖位于江汉平原东南边缘,湖面面积(不含牛山湖)271 平方公里,是湖北省蓄水量第一、面积第二大的淡水湖。牛山湖原本是梁子湖的一个湖汊,在 20 世纪 70 年代末通过围垦筑堤,与梁子湖大湖分割阻断,成为一片渔场使用至今。

2016 年 7 月 12 日,湖北省委常委(扩大)会议决定对梁子湖流域的牛山湖实施破垸分洪,缓解梁子湖流域防汛抗洪的严峻局面,并永久退垸还湖,还湖于民、还湖于历史、还湖于未来。

湖北省防汛抗旱指挥部介绍,梁子湖的牛山湖破垸分洪之后,梁子湖、牛山湖、挡网湖、愚公湖及 2016 年 7 月 7 日进行的第一批 17 个分洪民垸将连成一体,因势利导退垸(湖)还湖,梁子湖面积将增加 100 余平方公里,达到 370 平方公里,在大大减轻梁子湖防汛压力的同时,能减少养殖污染,增强湖泊自净功能,提升湖泊水质,修复湖泊生态。

在 2016 年 7 月 13 日举行的新闻发布会上,湖北省副省长任振鹤表示,梁子湖的牛山湖破垸分洪是应急之举,更是长远之策。省委常委(扩大)会议研究决定,要在治理洪水中转变发展理念,切实走生态优先战略,要以湖泊健康发展和可持续利用,支撑保障"千湖之省"经济社会可持续发展。

据统计,此次牛山湖等破垸分洪共涉及 1500 多人。按照省委省政府部署,武汉市、鄂州市正妥善展开湖区群众安置工作,不仅要解他们水困之患,还要解除他们长远发展的后顾之忧。

湖北省启动 2015 年度最严格水资源管理考核工作

2016 年 4 月 6 日，根据湖北省政府办公厅《关于印发湖北省实行最严格水资源管理制度考核办法(试行)的通知》精神，湖北省实行最严格水资源管理制度考核工作组办公室委托第三方——湖北省水利水电科学研究院对各地 2015 年度实行最严格水资源管理情况进行技术评估，预计用 4 天时间完成技术资料的复核工作。评估工作的开展，标志着湖北省 2015 年度实行最严格水资源管理制度考核工作正式启动。

2016 年既是 2015 年度目标考核年，也是"十二五"阶段性目标考核年。为体现"公平、公正、公开"的原则，湖北省参照国家加快实施最严格水资源管理制度试点验收办法，委托第三方对各地实行最严格水资源管理制度情况进行技术评估，严格对照标准，根据各地提供的佐证材料逐项打分。在此基础上，由湖北省水利厅联合省发改、经信、财政、国土、环保、住建、农业、审计、统计等部门开展现场检查和考核。现场检查和考核工作计划在 2016 年 4 月中下旬进行。

湖北省政府颁布《取水许可和水资源费征收管理办法》

湖北省省长王国生签署第 387 号省长令,颁布了《湖北省取水许可和水资源费征收管理办法》(以下简称《办法》)。该《办法》是省政府 2015 年度立法计划,于 2016 年 1 月 4 日经省政府常务会议审议通过,于 5 月 1 日起施行。

2005 年 12 月,省政府以 285 号令出台了《湖北省水资源费征收管理办法》,对加强水资源统一管理、促进湖北省水资源节约与合理开发利用发挥了积极作用。但是,随着经济社会快速发展,水资源供需矛盾日益凸显,该规章难以满足现实工作需要:一是该规章先于国务院《取水许可和水资源费征收管理条例》(以下简称《条例》)制定,部分条文不相符合;二是该规章只规定了水资源费征收管理相关内容,未对取水许可程序做出明确规定,有必要将二者统筹考虑;三是 2011 年底水利部确定湖北省为加快实施最严格水资源管理制度试点省之一,实施生态强省战略和最严格的水资源管理制度要求尽快出台配套政策,有必要适时制定顺应时代要求的新规章。因此,省政府将《湖北省取水许可和水资源费征收管理办法》列入了省政府 2015 年度立法计划。

相比 2005 年的《湖北省水资源费征收管理办法》,《办法》在内容上做了较大调整和充实:

一是调整了取水许可审批权限和水资源费征收权限。按照国务院和省政府关于推进简政放权的总体要求,《办法》进一步下放基层取水许可审批,适当提高了市(州)、县两级取水许可审批权限;在水资源费征收方面,《办法》结合日常管理实际规范了代征制度:流域管理机构审批的,由取水口所在地省水行政主管部门代征;省水行政主管部门审批的,由取水口所在地县(市)水行政主管部门代征;取水口位于市辖区的,由设区的市水行政主管部门代征。此外,《办法》还调整了水资源论证的审批权限,规定取水申请人在编制水资源论证报告书后,应按取水许可审批权限报有关水行政主管部门审查。

二是规定了水资源总量控制与定额管理相结合的基本原则,将按照行业用水定额核定的用水量作为取水量审批的主要依据,规定对超过年度用水计划的区域,暂停取水许可审批,对取用水超过行业用水定额标准的,不予批准。

三是细化了使用地源热泵系统取用地下水在水资源论证环节需提交的材料和其他取用地下水在项目竣工验收阶段需要提供的材料,强化了地下水的管理。地源热泵系统运用属于节能减排措施之一,契合两型社会建设要求,湖北省有关部门正大力推广地源热泵系统。但地源热泵属于集中式抽取地下水,在城市高层建筑以下和附近取用地下水,可能改变地质构造从而引发地质灾害,有必要严格管理,《办法》正是考虑这些因素做了细化。

四是在水资源费的分配比例上体现了向基层倾斜的原则:保留由县级水行政主管部门征收的水资源费全部自留的规定;对由市级水行政主管部门征收的水资源费,由原来的按省30％、市70％分别上交改为全部由市级入库;对于应由省级征收的水资源费,由原来的被委托单位自留40％,上交省60％改为按省10％、被委托单位90％比例分别入库。

五是细化了不依法安装计量设施的行政处罚措施,同时也规定了对安装的计量设施不合格或者运行不正常的违法行为的处罚措施。

《办法》的施行将进一步规范取用水行为,对于加快湖北省实施最严格的水资源管理制度,促进水资源可持续利用和经济发展方式转变,建设节水型社会具有重要的指导意义和推动作用。

湖北省湖泊保护行政首长年度目标考核评估结束

　　2016 年 3 月 8 日至 19 日,湖北省湖泊保护与管理领导小组成员单位联合组成湖泊保护行政首长年度目标考核评估组,对全省 13 个涉湖市人民政府分别开展了年度湖泊保护行政首长年度目标责任考核评估。

　　根据《湖北省湖泊保护行政首长年度目标考核办法(试行)》,省政府每年将对各市(直管市、林区)政府湖泊保护工作行政首长责任和年度目标完成情况进行考核。为确保年度考核准确性,省湖泊保护与管理领导小组成员单位组成 3 个评估小组,对全省 13 个涉湖市人民政府 2015 年度湖泊保护行政首长年度目标责任履职情况进行考核评估。

　　评估组按照《考核办法》,听取涉湖市 2015 年度湖泊保护行政首长年度目标考核自查情况汇报,内容包括基本情况、目标任务完成情况、工作措施落实情况、取得的成效及经验、存在的问题及整改措施、自评结果等。查阅年度目标考核佐证资料,并结合汇报、资料等情况,随机抽查 1～2 个县(市、区),对考核市进行现场评估。评估组依据《湖北省湖泊保护条例》《省人民政府办公厅关于印发湖北省湖泊保护行政首长年度目标考核办法(试行)的通知》,对涉湖市湖泊保护年度目标责任履职情况分别形成评估意见并赋分。

　　评估组将考核评估意见通报各成员单位,并报省湖泊保护与管理领导小组审核后向当地人民政府进行书面反馈。

湖北省水利厅公布调整后的全省湖泊"湖(段)长"名单

2016年4月6日,湖北省水利厅公布了调整后的全省755个湖泊湖(段)长名单。

2015年2月3日,根据省政府意见,省水利厅第一次在全省范围内公布了全省湖泊"湖(段)长"名单。一年来,全省各地各级湖(段)长较好地履行了湖泊保护职责,有效地接受了社会监督。因有关地方领导工作变动等原因,"湖(段)长"发生变化而进行了调整。此次公布的是调整后的湖(段)长名单。

推行"湖长制",公布"湖(段)长"名单,旨在贯彻落实《湖北省湖泊保护条例》,督促各级人民政府落实湖泊保护主体责任,有效接受社会监督,同时可增强公众的湖泊保护意识,参与湖泊保护的监督,推动全社会共同做好湖泊保护工作。

湖北跻身全国农村小水电扶贫6个试点省之一

水利部召开全国农村水电暨"十三五"农村水电增效扩容改造工作会议,会议明确湖北省为2016年全国农村小水电扶贫6个试点省份之一。

农村小水电扶贫工程是国家实施资产收益类扶贫的重要内容,是新时期特色产业扶贫的重要举措。农村小水电扶贫工程的目标是助力贫困农民脱困,采取国家补助投资、市场化运作方式,将中央投资支持农村小水电建设形成的资产收益用于扶持贫困村和建档立卡贫困户。"十三五"目标是建成200万千瓦农村小水电扶贫电站,持续稳定帮扶100万户建档立卡贫困农户。

农村水能资源是一些山区农村特别是贫困地区的优势资源,在开发过程中除了缴纳税费、改善当地基础设施等之外,还要给周边群众带来实实在在的利益。此次实施农村小水电扶贫试点是湖北省贫困山区将资源优势转化为产业优势、经济优势的一次机遇,将有效加快这些地区脱贫奔小康的步伐。省水利厅将下大力气优选项目,积极申报,制定省级项目管理办法实施细则,落实监管责任,确保试点成功并全面推开,保证贫困户精准受益、精准脱贫。